學會 •Swift 4
程式設計的 21堂課

序言
PREFACE

筆者看過與研究過許多的程式語言，您可以講出來的，大概都有些許的接觸。最近因為撰寫 iOS 的 App，所以有大半的時間都在使用 Objective-C。要學會 Objective-C 可能有一些門檻，若您有 C 與 C++語言基礎者，可能會比較容易跨越。

其實 Objective-C 現已容易多了，以前在參考計算(reference count)不易掌控，可說是程式設計師的夢魘，現已改為自動參考計數(automatic reference count)，可以說是程式設計師的福音，比較不會動不動因為記憶體不足而當機。

雖然如此，Apple 為了因應新的 XCode 6 環境，於 2014 年 6 月也公佈開發 iOS 與 OS X App 新的程式語言，名為 Swift。它是建立於最好的 C 與 Objective-C 之上，並採納安全的程式設計模式以及加入最新的特性，使得 Swift 程式設計更有彈性和有趣。尤其在記憶體的管理上使用自動化參考計數。同時 Swift 也和其字意相同，它的編譯與執行有如燕子般的輕盈快速。而於 2016 年 9 月公佈 Swift 3，在語法與介面進行更新，使之更具親和力，如今的 Swift 4 則更趨成熟與穩定。

本書參考 Apple 官方公佈的 Swift 4 程式語言，經過整理後以淺顯易懂的闡述，配合豐富的範例程式、圖表，以及章末的自我練習題，讓您可以很快能夠撰寫 Swift 程式。本書的架構有二大部分共 21 章，第一部分有十八章，以撰寫一簡單的範例程式開始，接著是變數、常數與資料型態、運算子、迴圈敘述、選擇敘述、聚集型態、函式、閉包，類別與結構、屬性與方法、繼承、初始化與收尾、自動參考計數、選項串連、型態轉換和延展、協定、泛型，以及運算子函式。第二部分共三章，則以 Swift 4 為基礎撰寫二個 iOS 的 App 與一個 OS X 的 App。讓讀者能學以致用，以及對 App 的開發有初步的認識。

如同書名般，看完這 21 章的精彩內文，您就可以進入撰寫 iOS 與 OS X App 的行列，為您的人生注入新的契機。本書的封面取用官方燕子的圖片，盼望能帶您翱翔天空，讓您的美夢成真。

蔡明志

mjtsai168@gmail.com

目錄

CONTENTS

第一部分　Swift 基本概念介紹

CHAPTER 1　從一簡單的範例談起

1.1　撰寫您的第一個程式 1-1

1.2　程式解析 1-7

1.3　Playground介紹 1-8

1.4　REPL介紹 1-14

自我練習題 1-17

CHAPTER 2　變數、常數以及資料型態

2.1　變數與常數 2-1

2.2　資料型態 2-2

2.3　宣告變數與常數 2-5

2.4　印出變數與常數 2-8

2.5　註解敘述 2-10

2.6　分號 2-10

2.7　字串型態 2-10

　　2.7.1　一些常用的字串函式 2-12

　　2.7.2　字串是屬於值型態 2-16

2.8　選項型態 2-17

自我練習題 2-19

CHAPTER 3　運算子

3.1　算術運算子 3-1

3.2　關係運算子 3-3

3.3　邏輯運算子 3-4

3.4　指定運算子與算術指定運算子 3-6

3.5　兩數對調 3-8

自我練習題 3-10

CHAPTER 4　迴圈敘述

4.1　while 迴圈敘述 4-1

4.2　repeat...while 迴圈敘述 4-3

4.3　for-in 迴圈敘述 4-5

4.4　巢狀迴圈 4-8

自我練習題 4-16

CHAPTER 5　選擇敘述

5.1　if 敘述 5-1

5.2　if ... else 敘述 5-4

5.3　else ... if 敘述 5-9

5.4　switch 敘述 5-12

5.5　條件運算子 5-19

5.6　break、continue及fallthrough敘述 5-20

自我練習題 5-24

CHAPTER 6　聚集型態

6.1　陣列的表示法 6-1

　　6.1.1　陣列的運作與一些常用的API 6-4

　　6.1.2　二維陣列 6-10

6.2　詞典的表示法 6-13

　　6.2.1　詞典的運作與一些常用的API 6-15

6.3　聚集型態的指定與複製行為 6-17

　　6.3.1　陣列的指定與複製行為 6-17

　　6.3.2　詞典的指定與複製行為 6-21

6.4　將陣列中的元素組合成詞典 6-23

自我練習題 6-25

CHAPTER 7 函式

7.1 定義與呼叫函式 7-1

    7.1.1 函式的參數 7-4

    7.1.2 函式的回傳值 7-5

    7.1.3 回傳多個值 7-7

7.2 函式的參數名稱 7-9

    7.2.1 外部參數名稱 7-9

    7.2.2 預設參數值 7-10

    7.2.3 可變的參數個數 7-11

    7.2.4 參數的型態 7-12

7.3 函式型態 7-15

    7.3.1 函式型態當做變數的型態 7-17

    7.3.2 函式型態當做參數的型態 7-18

    7.3.3 函式型態當做回傳值的型態 7-19

7.4 巢狀函式 7-21

7.5 區域與全域變數 7-22

自我練習題 7-24

CHAPTER 8 閉包

8.1 閉包運算式 8-1

    8.1.1 推論型態格式 8-3

    8.1.2 明確從單一運算式的閉包回傳 8-4

    8.1.3 速記引數名稱 8-4

    8.1.4 運算子函式 8-5

8.2 尾隨閉包 8-5

8.3 擷取數值 8-7

8.4 閉包是參考型態 8-8

自我練習題 8-9

CHAPTER 9 類別、結構與列舉

9.1 類別與結構的比較 9-1

    9.1.1 值型態 9-4

    9.1.2 參考型態 9-6

    9.1.3 === 與 !== 運算子 9-8

9.2 列舉的語法 9-10

　　　9.2.1　在switch敘述中使用列舉值 9-11

　　　9.2.2　關連值 9-13

　　　9.2.3　rawValue 9-15

　自我練習題 9-17

CHAPTER 10　屬性與方法

10.1　儲存型屬性 10-1

10.2　計算型屬性 10-2

　　　10.2.1　速記setter宣告 10-5

　　　10.2.2　唯讀計算型屬性 10-6

10.3　屬性的觀察者 10-7

10.4　型態屬性 10-9

10.5　實例方法 10-11

　　　10.5.1　方法的參數名稱 10-12

　　　10.5.2　self屬性 10-14

　　　10.5.3　從實例方法內修改值型態 10-16

10.6　型態方法 10-17

　自我練習題 10-20

CHAPTER 11　繼承

11.1　父類別 11-1

11.2　子類別 11-4

11.3　覆蓋 11-6

　　　11.3.1　覆蓋方法 11-6

　　　11.3.2　覆蓋存取的屬性 11-8

　　　11.3.3　覆蓋屬性的觀察者 11-11

　自我練習題 11-16

CHAPTER 12　初始與收尾

12.1　初始 12-1

12.2　類別的繼承與初始 12-6

　　　12.2.1　指定初始器與便利初始器 12-6

　　　12.2.2　語法與範例 12-8

12.3　收尾 12-15

　自我練習題 12-16

CHAPTER 13 自動參考計數

13.1 自動參考計數如何運作 13-1
13.2 類別實例之間的強勢參考循環 13-3
13.3 解決類別實例之間強勢參考循環的方法 13-6
    13.3.1 弱勢參考 13-6
    13.3.2 無主參考 13-9
    13.3.3 無主參考與隱含的解開選項屬性 13-11
自我練習題 13-13

CHAPTER 14 選項串連

14.1 選項串連可當做強迫解開的方法 14-1
14.2 經由選項串連呼叫屬性、方法 14-3
    14.2.1 經由選項串連呼叫屬性 14-4
    14.2.2 經由選項串連呼叫方法 14-6
14.3 多重的串連 14-7
自我練習題 14-9

CHAPTER 15 型態轉換與延展

15.1 檢查型態 15-1
15.2 向下轉型 15-3
15.3 對AnyObject和Any的型態轉換 15-4
    15.3.1 AnyObject 15-4
    15.3.2 Any 15-5
15.4 延展 15-8
    15.4.1 屬性的延展 15-8
    15.4.2 初始器與方法的延展 15-9
    15.4.3 索引的延展 15-11
    15.4.4 使用private 取代 fileprivate 15-12
自我練習 15-13

CHAPTER 16 協定

16.1 屬性的協定 16-2
16.2 方法的協定 16-4
16.3 當做型態的協定 16-6

16.4 以延展加入協定 16-8

16.5 協定的繼承 16-10

16.6 協定的組合 16-11

16.7 檢查是否有遵從協定 16-12

16.8 JSON的編碼和解碼 16-14

自我練習題 16-16

CHAPTER 17 泛型

17.1 泛型型態 17-1

    17.1.1 兩數對調 17-1

    17.1.2 佇列的運作 17-5

17.2 型態限制 17-13

    17.2.1 找某一值位於陣列的何處 17-13

    17.2.2 氣泡排序 17-17

17.3 關連型態 17-23

自我練習題 17-30

CHAPTER 18 位元運算子與運算子函式

18.1 位元運算子 18-1

    18.1.1 用來判斷與設定位元的狀態 18-4

    18.1.2 用來當做乘、除的功能 18-6

    18.1.3 用來將兩數對調 18-7

18.2 運算子函式 18-9

    18.2.1 多載運算子 + ... 18-9

    18.2.2 prefix與 postfix運算子 18-10

    18.2.3 複合指定運算子 18-11

    18.2.4 客製化運算子 18-14

自我練習題 18-16

第二部分　App 實作

CHAPTER 19　在IOS裝置上實作一個計算器的APP

19.1　製作一個計算器 19-1

19.2　UI 設計 19-4

19.3　計算器App的相關程式碼 19-10

19.4　製作一個更佳的計算器 19-15

自我練習題 19-24

CHAPTER 20　計算器 (MAC 版本)

20.1　建立一個計算器的專案 20-1

20.2　UI 設計 20-3

20.3　UI 與程式碼的結合 20-4

20.4　完整程式碼 20-6

CHAPTER 21　在IOS裝置上製作隨機顯示圖片的APP

21.1　UI 設計 21-1

21.2　撰寫此App的程式碼 21-3

第 1 部分
Swift 基本概念介紹

此部分包括變數、常數與資料型態、運算子、迴圈敘述、選擇敘述、聚集型態、函式、閉色、類別與結構、屬性與方法、繼承、初始化與收尾、自動參考計數、選項串連、型態轉換與延展、協定、泛型,以及運算子函式。我們將一一加以論述之。

1

CHAPTER

從一簡單的範例談起

1.1 撰寫您的第一個程式

假設我們想撰寫一簡單的 Swift 程式，輸出結果如下：

```
Learning Swift now!
```

安裝完 Xcode 後，可在應用程式中找到 Xcode 圖示(icon)，如下所示。建議你將 Xcode 圖示拖曳到 Dock 上，方便以後開啟使用。

開啟後可以看見 Xcode 的歡迎畫面，如圖 1-1 所示。此處可以選擇開啟新的專案(project)，或開啟之前撰寫的專案。

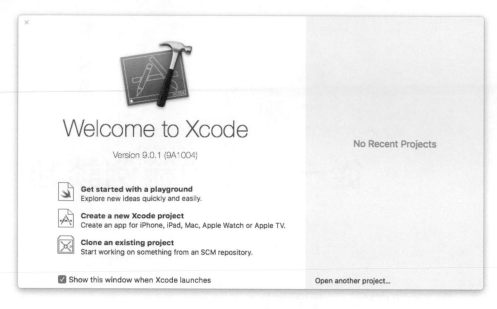

圖 1-1　Xcode 歡迎畫面

接著選擇「Create a new Xcode project」，以便開啟一個新的專案。當然，也可以藉由系統 Xcode 的選單，選取「File」→「New」→「Project...」開啟新的專案，如圖 1-2 所示。

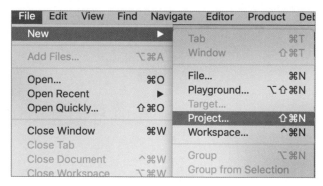

圖 1-2　File 選單下的選項

專案開啟後，將出現提供我們選擇欲開啟的專案類型，如圖 1-3 所示。

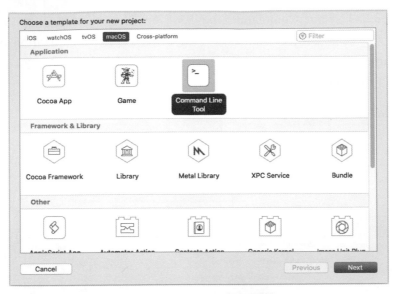

圖 1-3　Mac OS X 專案類型

Mac OS X 的專案有許多類型可供選擇，由於此處僅示範撰寫一個輸出 Learning Swift now!這一字串的程式，因此，在左欄中選擇 Mac OS X 底下 Application，並在此欄上選擇「Command Line Tool」(命令列工具)。因為此專案僅介紹 Swift，所以使用 Command Line Tool。若要撰寫有關 iPhone 程式的範例，此時在新增專案時需要使用 iOS 底下 Application，如圖 1-4。

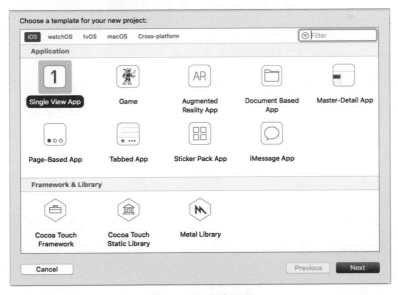

圖 1-4　iOS 專案類型

當我們在圖 1-3 選擇「Command Line Tool」，按下 Next 按鈕後，畫面將如圖 1-5 所示，請在 Project Name 輸入 myFirst，並在 Organization Name 和 Organization Identifier 輸入一個名稱，這些都可以自行命名，最後在 Language 的選項選取「Swift」。

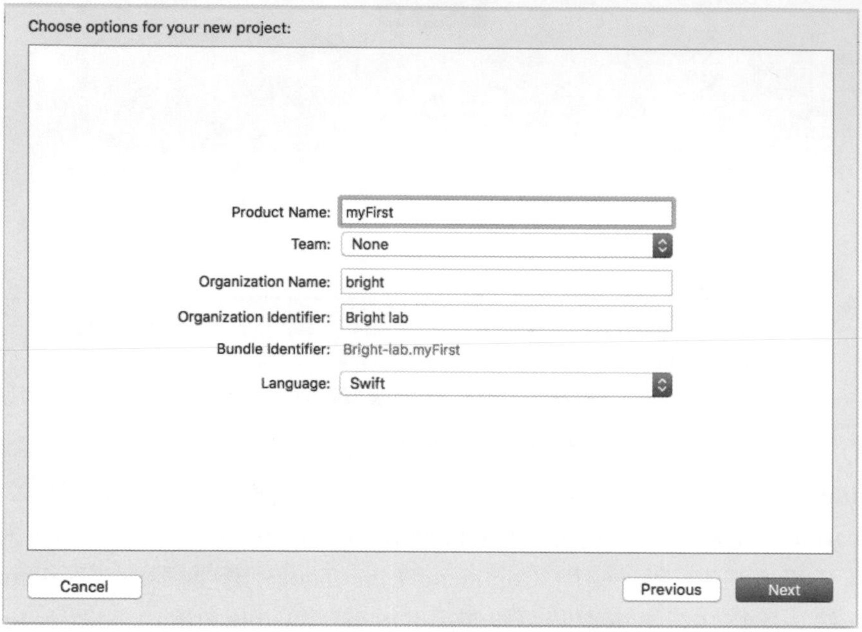

圖 1-5 專案名稱命名及編譯語言選擇

Xcode 8 目前仍提供 Objective-C 語言的編譯，但由於目前專案要介紹 Swift，因此 Language 的項目請選擇「Swift」。

按下 Next 按鈕後，請選擇專案欲儲存的位置，位置可以任你選擇，此範例儲存在文件下的「Swift program」資料夾，最後按下 Create 按鈕，如圖 1-6 所示。

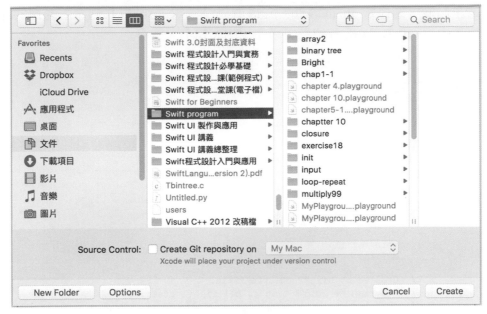

圖 1-6　專案儲存位置

完成後，將會出現如圖 1-7 的編輯與執行的畫面，請點選 myFirst 下的 main.swift。

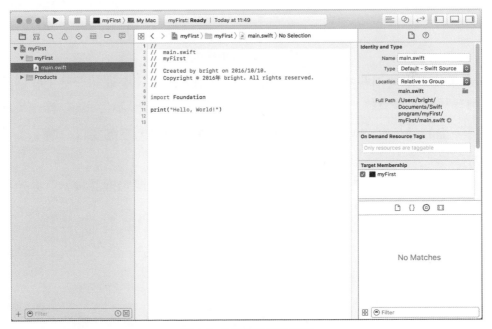

圖 1-7　編輯與執行的畫面

點選左側欄中的檔案 main.swift，可以看見 Xcode 自動幫我們產生的程式樣板。其中 .swift 為 Swift 程式語言所使用的副檔名。

接著我們做一點小小的修改，將下一行敘述

```
print("Hello, world!")
```

改為

```
print("Learning Swift now!")
```

如圖 1-8 所示：

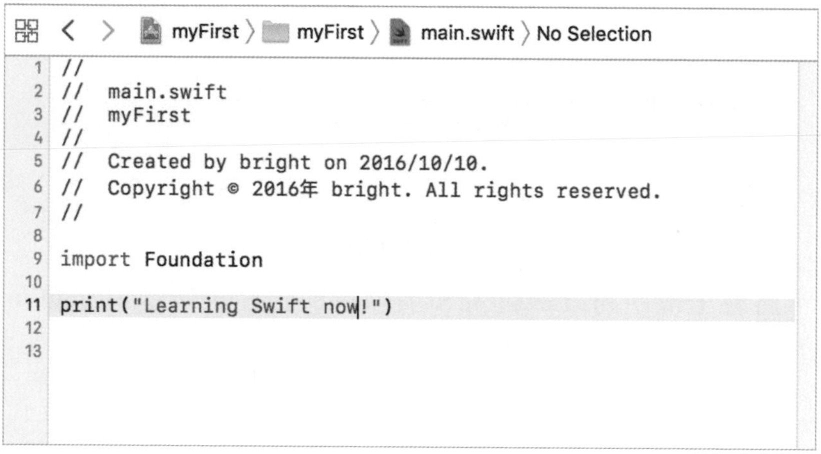

```
88  <  >  📄 myFirst  ›  📁 myFirst  ›  📄 main.swift  ›  No Selection
 1   //
 2   //  main.swift
 3   //  myFirst
 4   //
 5   //  Created by bright on 2016/10/10.
 6   //  Copyright © 2016年 bright. All rights reserved.
 7   //
 8
 9   import Foundation
10
11   print("Learning Swift now!")
12
13
```

圖 1-8 修改後的程式

print 函式是以雙引號括起來的字串參數。字串中出現什麼就印什麼。詳細說明請參閱第 2 章變數、常數以及資料型態。

值得一提的是，在 Swift 語言中每一行程式碼的結尾，不需要以分號「；」作為結束記號。

修改完後，按下圖 1-7 左上角的「▶」按鈕，Xcode 會開始編譯與執行原始程式碼。若無錯誤，輸出結果如圖 1-9 所示：

圖 1-9　輸出結果的畫面

在圖 1-9 下方的輸出結果欄位顯示

```
Learning Swift now!
```

是由 print 函式所產生。

1.2　程式解析

程式的第一行是

```
import Foundation
```

此敘述的功能是載入所有對 Swift 有效的 Foundation API，包括 NSDate、NSURL，以及其它類別的所有方法、屬性以及類目。

在圖 1-8 所示的程式碼，皆為系統自動產生，也就是上述所列的敘述您可以不必加以理會，只要知道其功能即可，我們只修改了第 11 行 print 函式這一行敘述而已。

在 print 函式的參數是一字串，置於此內的文字將被印出，除非有特殊的告知，這將在第 2 章再詳述之。

Swift 與其它語言，如 C 或 Objective C 不同的是，在每一行敘述後面不需要加分號表示此敘述已結束。不過你在每一敘述加上分號也是可以的。一般而言，我們是不會加的。

本章您只要知道如何建立一專案，從而修改程式以符合您的需求，然後如何編譯與執行就可以了。還有在程式中所使用英文字母，大小寫是有差異的。

1.3 Playground 介紹

Playground 是 Xcode 中自有的 Swift 程式碼開發環境。使用 Playground 編寫 Swift 程式碼，不需要編譯或執行一個要編譯的 Swift 程式，你可以快速地看到程式碼執行的過程中所執行的結果。

首先打開 Xcode 8，直接點擊 "Get started with a Playground"，就可以直接開啟一個 Playground 環境。如圖 1-10 所示：

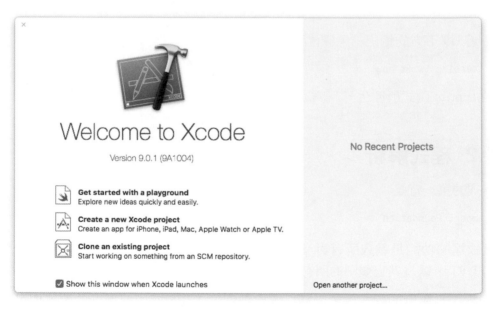

圖 1-10 選取畫面左邊的第一項

接著設定 Playground 的名稱和適用平台，在此是命名為 MyPlayground，並使用 macOS 的 Platform，然後按下 Next。如圖 1-11 所示：

圖 1-11 設定 Playground 的名稱和適用平台

接下來選擇檔案要存放的位置，並按下 Create。完成後如圖 1-12 所示，

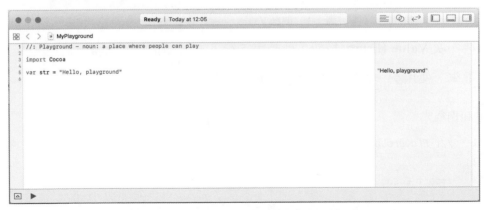

圖 1-12 Playground 的自動生成的範例程式碼

我們就可以開始使用 Playground 的環境來編寫 Swift 程式碼了。接著以自動生成的範例程式碼，來開始介紹 Playground 環境的內容。

首先將游標移到第 5 行，將會看到右側欄位即時顯示的部分（如圖 1-13）

圖 1-13 Playground 的右邊側欄

在右側欄中的 **"Hello, playground"** 右邊有兩個按鈕，如圖 1-14 所示：

圖 1-14 Playground 的右邊側欄

由左到右分別是 Quick Look 和 Value History 按鈕，先來介紹 Value History 的部分。按下 Value History 按鈕後，輸出結果會出現在此程式碼的下方，如圖 1-15 第 5 行下的下方所顯示的字串。

圖 1-15 開啟 Value History 後的結果

再按一次 Value History 按鈕，此時第 5 行下方所顯示的字串將會消失。

接下來，使用另一段範例程式碼來深入介紹。

範例程式

```
01    //: Playground - noun: a place where people can play
02
03    import Cocoa
04
05    var total = 0
06    for i in 1...100 {
07        total = total + i
08    }
09    print("1 加到 100 的總和: \(total)")
```

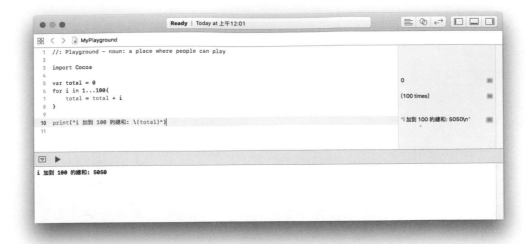

圖 1-16　計算 1 加到 100 總和的程式碼

在圖 1-16 右方的執行結果中，可以看到迴圈跑了 100 次，以及 1 加到 100 的總和: 5050。您也可以程式下方的「▶」按鈕來執行此程式，其結果將顯示於下方的區域。

接著點選圖 1-16 第 7 行右方區塊的 Value History 按鈕，在程式碼的下方將會看到結果，如圖 1-17 所示。

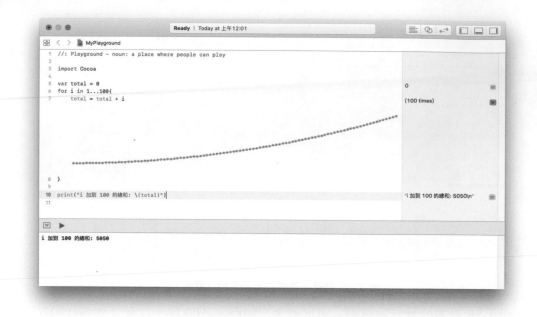

圖 1-17 按下 Value History 按鈕的結果

您可以看到 total 的 100 次變化，針對迴圈每一次的運行都會留下一個記錄，而這些變化會形成一個圖表，方便我們去看程式運行中的變化過程。

接著點選圖 1-16 第 7 行右方區塊的 Quick Look 按鈕，則在右側欄將會看到以下結果，如圖 1-18 所示。

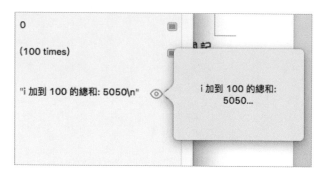

圖 1-18 按下 Quick Look 按鈕的結果

再舉另一段程式碼，來體會一下 Playground 的強大。

範例程式

```
01    //: Playground - noun: a place where people can play
02
03    import Cocoa
04
05    var sinCurve : Double
06    for i in 0..<100 {
07        sinCurve = sin(Double(i)/10)
08    }
```

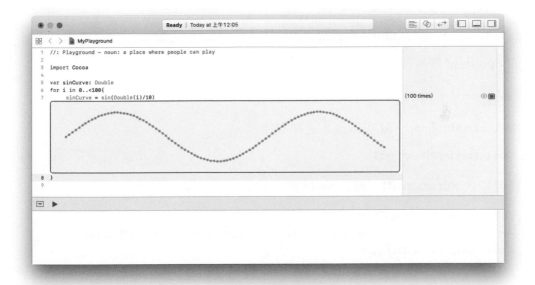

圖 1-19 sin 函式程式碼

在圖 1-19 中可以清楚看到，這是一段 sin 函式曲線的程式碼，如圖 1-20 所示。

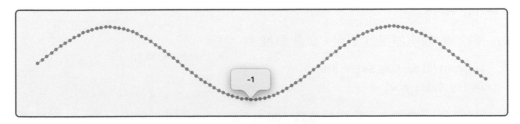

圖 1-20 sin 函數曲線圖表

在圖 1-20 可以點擊不同位置，得知當時該變數的具體數值。

經由以上的介紹，相信您已經充分體會到 Playground 強大以及有趣的地方了吧！

1.4 REPL 介紹

Swift 還有一更快速的學習方法是使用讀取－運算－輸出 迴圈（Read-Eval-Print Loop, REPL）。我們來看看如何使用 REPL。

首先利用右上角

的 Spotlight 搜尋符號

輸入 Terminal.app，就可以進入終端機模式。

```
brighttekiMBP:~ bright$
```

接著輸入 **xcrun swift**，進入 Swift 的 REPL 模式，如下所示：

```
brighttekiMBP:~ bright$ xcrun swift
Welcome to Apple Swift version 3.0 (swiftlang-800.0.46.2 clang-800.0.38).
Type :help for assistance.
  1>
```

此時便可輸入敘述來執行。其中 1> 表示目前的進行狀況：例如要顯示 Hello, world，則輸入以下敘述：

```
  1> print("Hello, world")
Hello, world
```

每一敘述的輸出結果其下面。以此類推。

```
  2> print("Learning Swift now!")
Learning Swift now!
```

以下是宣告一變數 k，其初始值為 100，

```
  3> var k=100
k: Int = 100
```

接著將 k 加以印出。

```
4> print(k)
100
```

若要在字串中印出變數 k 的值，則需要以 \(k) 方式撰寫，如下所示：

```
5> print("k=\(k)")
k=100
```

當要宣告一常數名稱時，則以 let 代替 var，如以下宣告一常數名稱 c，其初始值為 666。

```
6> let c = 666
c: Int = 666
```

由於 c 是常數名稱，所以不能再做加、減的運算，如以下的敘述是錯誤的。此時會顯示錯誤所在，而且也會告訴您如何修正。有關變數、常數，以及資料型態請參閱第 2 章。

```
7> c = c+1
error: repl.swift:7:3: error: cannot assign to value: 'c' is a 'let' constant
c = c+1
~ ^

repl.swift:6:1: note: change 'let' to 'var' to make it mutable
let c=666
^~~
var
```

上式的訊息告訴您，錯在不能指定某值給常數名稱，所以要將 let 改為 var。

若要結束 REPL，則可以鍵入 :quit 或 :q，如下所示：

```
9> :quit

brighttekiMBP:~ bright$
```

再次進入 REPL 時，則此時的編號會再次從 1 開始。

```
brighttekiMBP:~ bright$ xcrun swift
Welcome to Apple Swift version 3.0 (swiftlang-800.0.46.2 clang-800.0.38).
Type :help for assistance.
1>
```

若要宣告一整數是陣列，則以下一敘述表示之。

```
1> var dreamCar = ["Maserati", "Porsche", "BMW"]
dreamCar: [String] = 3 values {
   [0] = "Maserati"
   [1] = "Porsche"
   [2] = "BMW"
}
```

此表示有一陣列名為 dreamCar，它有三個元素，分別是 Maserati、Porsche，以及 BMW。所以 dreamCar[0] 是 Maserati， dreamCar[1] 是 Porsche，以及 dreamCar[2] 是 BMW，有關陣列請參閱第 6 章。然後以 for 迴圈加以印出，如下所示：

```
2> for car in dreamCar {
3.     print(car)
4. }
Maserati
Porsche
BMW
```

有關迴圈敘述請參閱第 4 章。也可以輸入選擇敘述 if...else，此時將會等到您輸入到第 10 行的 } 才表示結束。如下所示：

```
5> var score = 89
score: Int = 89
6> if score >= 60 {
7.     print("Pass")
8. } else {
9.     print("Fail")
10. }
Pass
```

有關選擇敘述請參閱第 5 章。以 REPL 來學 Swift 是非常容易入門而且很快就可以上手，大家可以試試看。不過它對簡短的程式較方便，較長的程式可利用上述的 Playground，或建立 Project 來處理較佳。

自我練習題

1. 請建立一專案名稱 mySecond，將系統產生的程式加以修改，以輸出您的姓名、出生年月日、就讀的學校與科系、手機號碼、地址等等資訊。順便熟悉從撰寫一程式到編譯與執行的步驟。

2. 將 1-3 節所介紹的 sin 函式曲線程式碼改為 cos 函式曲線程式碼。看看它在 Playground 上的變化為何。順便熟悉在 Playground 上的環境。

2

CHAPTER

變數、常數以及資料型態

Swift 是用以開發 iOS 和 OS X app 新的程式語言，不過有很多部份其實和 C 或 Objective C 很相似，若您熟悉上述兩種語言的話，則在學習上將會很容易。

本章將討論有關 Swift 的變數、常數、資料型態、型態的轉換、型態的別名、字串與字元以及 Swift 獨有的選擇項(optional)。

2.1 變數與常數

變數 (variable) 名稱是用來表示問題中的項目名稱，而變數內容，則會因程式的執行而有所變化。相對的常數 (constant)，則不會隨著程式的執行而改變其值而且不可以更改。

取變數名稱是一種藝術，儘量取要代表項目的名稱，這可讓其他人較能看懂您寫的程式，也方便您往後程式的維護。例如，有一問題如下：

「請給予兩個整數，然後計算兩數的平均分數。」

則您會以 number1 和 number2 表示此兩個整數的變數名稱，並以 average 變數名稱表示平均分數，這比取 a、b、c，分別表示兩個整數和平均分數變數名稱來得好。為了講解方便，本書有時會以較短的名稱表示。

Swift 和其它程式語言取變數名稱時，第一個字必須是英文字母或底線(_)，之後可為數字、英文字母或底線(_)。所以 num、score、average_score、 c_score，皆為合法的變數名稱，但 8num、C&C、xyz?54 為不合法的變數名稱。因為 8num 開頭為數字，而後面兩個變數名稱使用了 & 和 ? 符號。

2.2 資料型態

資料型態(data type)用來定義變數是屬於哪一性質，並加以配置記憶體。由於 Swift 是屬於型態安全(type safe)的語言，所以可以在定義變數前表明型態或是以推論的方式得知。我們將會一一解說。

Swift 的基本資料型態計有整數(integer)、浮點數(floating point)、字串(string)、字元(character)、布林(boolean)。同時也包含所謂的聚集型態(collection type)，如陣列(array)和詞典(dictionary)，我們將以一章加以說明。

沒有小數點的數值稱為整數，如 123。有帶小數點的數值稱為浮點數，如 123.8。而字串常數則是由雙引號所括起來的字元集合，如 "Hello, Swift"。Swift 分別以不同的關鍵字加以識別資料型態，如表 2-1 所示：

表 2-1　Swift 基本資料型態

關鍵字	資料型態
Int	整數
Float	浮點數
Double	浮點數
String	字串
Bool	布林

整數分為有、無負的整數。Int 表示有負的整數，而 UInt 表示無負的整數。Swift 又提供 8、16、32、64 位元的 Int 和 UInt。如 Int8、Int16、Int32 及 Int64，分別表示 8 位元、16 位元、32 位元及 64 位元的 Int。而 UInt8、UInt16、UInt32 及 UInt64，分別表示 8 位元、16 位元、32 位元及 64 位元的 UInt。若您使用的是 32 位元電腦，則 Int 與 UInt 即表示 Int32 與 UInt32；若使用的是 64 位元電腦，則 Int 與 UInt 即表示 Int64 與 UInt64。

Float 和 Double 都是表示浮點數，其中 Float 佔 4 個 bytes，而 Double 佔 8 個 bytes。一般而言，當您指定一浮點數給變數和常數名稱，其預設值是 Double 型態。

有關 Swift 資料型態佔的 byte 數和其表示範圍，如表 2-2 所示：

表 2-2　各種資料型態所佔的 byte 數及其表示範圍

資料型態	所佔 **byte** 數	表示範圍
Character	1	-128 ~ 127
Float	4	3.4E-38 ~ 3.4E+38
Double	8	1.7E-308 ~ 1.7E+308
Int8	1	-128 ~ 127
Int16	2	-32,768 ~ 32767
Int32	4	-2,147,483,648 ~ 2,147,483,647
Int64	8	-9223372036854775808 ~ 9223372036854775807

Swift 提供 max 與 min 函式，用以告知整數的表示範圍。以下是 Int8、Int16、Int32 與 Int64 之最小值與最大值，本章程式使用 macOS 系統來執行，我們省略了 import Cocoa 這一行敘述。程式如下所示：

📋 範例程式

```
01  print(Int8.min)
02  print(Int8.max)
03  print(Int16.min)
04  print(Int16.max)
05  print(Int32.min)
06  print(Int32.max)
07  print(Int64.min)
08  print(Int64.max)
```

📋 輸出結果

```
-128
127
-32768
32767
-2147483648
2147483647
-9223372036854775808
9223372036854775807
```

而有關 UInt8、UInt16、UInt32 與 UInt64 之最小值與最大值，請看下一個範例程式：

範例程式

```
01   print(UInt8.min)
02   print(UInt8.max)
03   print(UInt16.min)
04   print(UInt16.max)
05   print(UInt32.min)
06   print(UInt32.max)
07   print(UInt64.min)
08   print(UInt64.max)
```

輸出結果

```
0
255
0
65535
0
4294967295
0
18446744073709551615
```

當你將一負數指定給無負號的變數或常數名稱時，系統將會產生錯誤的訊息，如下所示：

```
var tooSmall = Int.min - 1
var tooLarge = Int.max + 1
var unsignedNumber: Uint = -1
```

以上三個敘述都會產生錯誤的訊息，因為 Int.min 和 Int.max 已是最小值和最大值，再減 1 和加 1 將超過其表示的範圍。Swift 不像 C 語言，會自動轉換為另一數值，而是直接告訴你這是錯的。unsingedNumber 的資料型態是 UInt，表示無負號的整數，所以不可以指定負數給它。其中

```
var tooSmall = Int.min - 1
```

表示宣告 tooSmall 為一變數名稱，其初始值為 Int.min - 1。有關變數的宣告，請參閱 2.3 節。最後值得一提的是，當整數與浮點數運算時，要將整數轉型為浮點數，如下一程式所示：

範例程式

```
01   // conversion
02   let mile = 95
03   let mileToKm = 1.6
04   var speed = Double(mile) * mileToKm
05   print("陳偉殷的投球速可達 \(mile) miles")
06   print("亦即 \(speed) 公里")
```

輸出結果

```
陳偉殷的投球速可達 95 miles
亦即 152.0 公里
```

因為 mileToKm 是 Double 浮點數，而 mile 是整數，所以兩者運算時必須加以轉換，如 Double(mile) 表示將 mile 轉型為 Double，要注意的是，當此敘述執行後，mile 還是整數。在 print 函式的字串參數中，\(mile) 表示輸出 mile 的數值，而不是印出 mile 的字串。同理 \(speed) 也是輸出 speed 的數值。

2.3　宣告變數與常數

Swift 以 var 和 let 關鍵字表示變數與常數，如下所示：

```
var radius = 5
let pi = 3.14159
```

第一個敘述表示 radius 是一變數名稱(variable name)，因為以 var 為首，並設其初始值是 5，由此得知 radius 是一 Int 整數型態，此方式稱為型態推論 (type inference)，前面曾提到，若使用的平台是 32 位元電腦，則 Int 表示 Int32。而 pi 是以 let 為首，所以是常數名稱 (constant name)，並且其初始值是 3.14159，也從此得知它是 Double 型態。變數與常數的差異是變數可以修改，但常數不可以，所以若往後再指定某一值給 pi 時，將會造成編譯上的錯誤。

同理您也可以宣告字串 (string) 和布林 (boolean) 變數或常數名稱。以下是宣告字串和布林常數。

```
let language = "Swift"
let boolVariable = true
```

字串是以雙引號括起的字元集合，而布林值不是 true 就是 false。布林值常用於迴圈敘述與選擇敘述。

從上面的敘述得知 radius 是一 Int 整數型態。

除了使用型態的推論判斷變數與常數的型態外，也可以使用型態的註釋方式來表明其身份，如下所示：

```
var number: Int
number = 12
```

此表示 number 是 Int 的變數型態，之後將 12 指定給 number。也可以將宣告和初始值寫成一行，如下所示：

```
var number: Int = 12
```

但要注意的是，常數使用型態的註釋必須將宣告和指定初始值的動作一起完成。如下所示：

```
let str: String = "Hello, Swift"
```

表示 str 是一字串型態的常數，初始值為 "Hello, Swift"。注意，不可以將常數的宣告和設定初始值分開，否則會出現編譯錯誤。如下所示：

```
// compile error
let str: String
str = "Hello, Swift"
```

整數常數也可以下列方式表示，如下範例程式所示：

📋 範例程式

```
01 │ let oneMillion = 1_000_000
02 │ print(oneMillion)
03 │ let oneThousand = 1_000
04 │ print(oneThousand)
05 │
06 │ let sum = oneMillion + oneThousand
07 │ print(sum)
```

📋 輸出結果

```
1000000
1000
```

```
1001000
```

上述表示數值時，以底線分隔數字，每三個數字以 _ 隔開。這好像我們基本上每三個數字之間以逗號隔開的意思是一樣的，以利於閱讀。

整數型態常數除了以十進位表示外，也可以二進位，八進位或是十六進位的方式表示。如下範例程式所示：

📲 範例程式

```
01 │  let decimalValue = 168
02 │  let binaryValue = 0b10101000
03 │  let octoalValue = 0o250
04 │  let hexValue = 0xa8
05 │
06 │  print("以十進位表示：", terminator:"")
07 │  print("168 = \(decimalValue)")
08 │  print("0b10101000 = \(binaryValue)")
09 │  print("0o250 = \(octoalValue)")
10 │  print("0xa8 = \(hexValue)")
```

📑 輸出結果

```
以十進位表示：168 = 168
0b10101000 = 168
0o250 = 168
0xa8 = 168
```

程式將 168 分別以十進位、二進位、八進位以及十六進位表示。從輸出結果可得知。數值之前加 0b 表示二進位的數值，數值之前加 0o 表示八進位的數值，數值之前加 0x 表示十六進位的數值。值得一提的是，一般 pirnt 函式會有跳行的動作，若要使它不跳行可以加上 terminator: "" 的參數。如此範例當印出以十進位表示：時，並沒有跳行，因為此敘述加上 terminator: "" 的參數。

我們也可以利用 typealias 取某一資料型態的別名 (alias)。如以下的敘述所示：

```
// typealiase
typealias int = Int
var number: int = 100
print("number = \(number)")
```

上述敘述取 int 是 Int 的別名。所以可以使用 int 當做 number 變數的型態。

2.4 印出變數與常數

我們可使用 print 印出變數與常數值,這如同 NSLog 函式一般。print 函式可直接將雙引號括起來的字串印出,若是要印出變數與常數值,則直接以變數和常數名稱表示即可。承 2.3 節前面宣告過的 radius、pi,以及 language 敘述,則以下程式

📋 範例程式

```
01   var radius = 5
02   let pi = 3.14159
03   let language = "Swift"
04   print(radius)
05   print(pi)
06   print(language)
07   print("Hello ")
```

表示要印出 radius 變數值,以及 pi 和 language 的常數值。最後印出給定的字串 Hello。

📋 輸出結果

```
5
3.14159
Swift
Hello
```

上述的輸出結果不是很清楚,因為不知道 5 和 3.14159 代表啥,所以可以再進一步的修正,如下所示:

📋 範例程式

```
08   print("radius = \(radius)")
09   print("pi = \(pi)")
```

📋 輸出結果

```
radius = 5
pi = 3.14159
```

您覺得這樣子有沒有比較清楚呀，其實只要在 print 動個手腳就可以，基本上，在雙引號內的文字將會很忠實的輸出，若要在其中輸出定義的變數或常數值，很簡單，只是在其前面加上 \ ，之後以小括號括起變數或常數名稱即可。

print 也可以和 C 一樣，可以使用格式化的方式加以輸出，如下所示：

```
10   print(String(format: "radius = %d", radius))
11   print(String(format: "pi = %f", pi))
```

輸出結果基本上和上述兩個 print 敘述是等同，只是 pi 的輸出結果是以%f 印出時，小數點後會印出六位數。和 C 的格式對應字元相同，%d 表示是整數的輸出，而%f 是浮點數的輸出，小數點後面六位數。

輸出結果

```
radius = 5
pi = 3.141590
```

若要在輸出時不要跳行可以加上一參數 termainator: "" ，如下所示：

```
12   print(String(format: "radius = %d", radius), terminator:"")
13   print(String(format: "pi = %f", pi))
```

輸出結果

```
radius = 5pi = 3.141590
```

我們發現在輸出結果中 5 和 pi 連結在一起，所以在%d 的後面加上一空白；使得 5 與 pi 之間有空格，如下所示：

```
14   print(String(format: "radius = %d ", radius), terminator:"")
15   print(String(format: "pi = %f", pi))
```

輸出結果

```
radius = 5 pi = 3.141590
```

2.5 註解敘述

註解敘述 (comment statement) 在程式中是不加以編譯的，但為了讓程式的易讀性提高，必需在程式重要的地方加以註解。Swift 的註解可使用 // 或是 /* .... */ 型式表示。值得一提的是，Swift 語言允許巢狀的註解，表示在註解內又有註解，如下所示：

```
// myFirst program

/* This is a nested comment statement
/* so you can write many statements */
to explain the problem */
```

2.6 分號

您是否有注意到上面的所有敘述後面都沒有分號，因為它不必利用它來做為敘述的結束點。這和 C 或是 Objective-C 不同。在每一行敘述加以分號也是可以的，不過這是多此一舉，很少人會這樣做。若有多行敘述撰寫於同一行，則可以利用分號將其隔開。

```
print("Hello "); print(language)
```

2.7 字串型態

字串常數 (string literal) 是由雙引號所括起來的字串，如以下所示：

```
let str  =  "Hello, Swift"
```

若是多於一行的字串的話，現 Swift 4 提供一方法可以完成，那就是在字串的前後以 """ 括起來。如以下範例程式所示：

📑 範例程式

```
01 |let name2 = """
02 |  蔡明志
03 |  輔仁大學
04 |  資訊管理系
05 |  """
06 |  print(name2)
```

📑 輸出結果

> 蔡明志
> 輔仁大學
> 資訊管理系

字串常數中可包含以下的轉義字元，如表 2-3 所示：

表 2-3　常用的一些轉義字元

\\\\	反斜線
\\t	跳四格
\\n	換行
\\r	跳到下一行首
\\"	雙引號

除了上述的字元以外，還包含

1. 由單一位元組的萬國碼(Unicode) 所組成，格式為 \\xnn，此處的 nn 是兩個十六進位的數值。

2. 是由二個位元組的萬國碼所組成，格式為 \\xnnnn，此處的 nnnn 是四個十六進位的數值。

3. 是由四個位元組的萬國碼所組成，格式為 \\xnnnnnnnn，此處的 nnnnnnnn 是八個十六進位的數值。

print 函式內的參數就是字串常數，因此可將表 2-3 的字元加入其中，以完成某一特殊用途。我們以下列敘述來說明。

```
01  print("Hello \n")
02  print("Swift")
```

由於 print 函式本身就會跳行，所以加上 \\n 將會再跳一行。

📑 輸出結果

```
Hello

Swift
```

假使在輸出的字串中要用到雙引號時，則必須加上 \" 方能印出。如下敘述所示：

```
print("\"100% orange juice\"")
```

輸出結果如下：

```
"100% orange juice"
```

在 100% orange juice 外面加上雙引號。

其它如 \t 表示跳一 tab，亦即跳 4 格。如以下敘述

```
print("\tThis character is 'q' is not 'p'")
```

印出字串之前先跳 4 格，程式中並利用 \' 印出單引號。輸出結果如下所示：

```
        This character is 'q' is not 'p'
```

而下一敘述

```
print("\t\t\tI am from Taiwan")
```

其輸出結果如下：

```
                I am from Taiwan
```

您可以自己撰寫 print 敘述，以測試表 2-3 的轉義字元。

2.7.1 一些常用的字串函式

定義空字串有兩種方式，如下所示：

```
var str = ""
var str2 = String()
```

接下來利用 isEmpty 函式判斷它是否為空字串，如以下敘述：

```
if str2.isEmpty {
    print("str2 is a empty string")
}
```

輸出結果如下：

```
str2 is empty string
```

若要將兩個字串相連在一起，可使用 + 運算子，如以下敘述所示：

```
str = "Learning Swift "
str2 = "programming now "

var swift = str + str2
print(swift)
```

輸出結果如下：

```
Learning Swift programming now
```

若將字串定義為 var，表示此字串是可以更改的。若是定義為 let，表示此字串不可以更改，若你加以修改，將會產生錯誤的訊息。如以下敘述所示：

```
var iLoveSwift = "I love "
iLoveSwift += "Swift"
print(iLoveSwift)
```

輸出結果如下：

```
I love Swift
```

若將上述的 var 改為 let 將會出現錯誤的訊息。您可以自已試試看。

我們也可以使用 == 運算子判斷兩個字串是否相等。承以上敘述，再加入以下敘述，如下所示：

```
var str3 = "I love Swift"
if str3 == iLoveSwift {
    print("str3 is equal to iLoveSwift")
}
```

輸出結果如下：

```
str3 is equal to iLoveSwift
```

此處使用到 if 選擇敘述，判斷 str3 是否等於 iLoveSwift。若為真，則執行括起來的敘述，否則不執行任何敘述。程式也使用關係運算子 ==，判斷是否相等。有關選擇敘述請參閱第 5 章。而有關運算子的敘述，請參閱第 3 章。

有時我們想將字串轉為大寫或小寫字母，可用 lowercaseString 與 uppercaseString 函式加以轉換。如下敘述所示：

```
let upperStr3 = str3.uppercaseString
print(upperStr3)
print(upperStr3.lowercaseString)
```

輸出結果如下：

```
I LOVE SWIFT
i love swift
```

先將 str3 呼叫 uppercaseString 轉換為大寫，並指定給 upperStr3，之後再呼叫 lowercaseString 將此字串轉換為小寫。我們也可以將字串組合成一陣列，其實很簡單只要使用中括號括起來即可。如下所示：

```
let mobile = [
    "Apple: iPhone 6",
    "Apple: iPad",
    "Android: hTC",
    "Android: Samsung",
    "Android: Sony"
]
```

表示有一字串陣列，其名稱為 mobile ，若要從 mobile 字串陣列找出字首為 "Apple" 的字串，則可以使用 hasPrefix 函式，如下敘述所示：

```
for i in mobile {
    if i.hasPrefix("Apple") {
        print(i)
    }
}
```

輸出結果如下：

```
Apple: iPhone 6
Apple: iPad
```

這裏用到 for-in 迴圈敘述，表示將 mobile 陣列的元素指定給 i 。然後 i 呼叫 hasPrefix 函式，並利用 if 選擇敘述，判斷條件式是否為真，若為真，則回傳值，否則不做任何事。有關迴圈敘述與選擇敘述，將於第 4 章與第 5 章加以討論。

我們也可以找出字尾的字串，如要在 mobile 陣列中，找出字尾為 hTC 的字串，此時可使用 hasSuffix 函式，如下敘述所示：

```
for i in mobile {
    if i.hasSuffix("hTC") {
        print(i)
    }
}
```

輸出結果如下：

```
Android: hTC
```

字串若有 \ 後接小括號和變數或常數名稱，表示要印出其所對應的值，如以下的敘述所示：

範例程式

```
01  var mobilePhone = "iPhone"
02  let number = 6
03  let myMobile = "I want to buy an \(mobilePhone) \(number)"
04  print(myMobile)
```

輸出結果

```
I wnat to buy an iPhone 6
```

其中 \(mobilePhone) 對應的字串是 iPhone ，而 \(number) 對應的值是 6。這也常常應用於 print，因為這個輸出函式，所要的參數就是字串參數。注意，println 函式已於 Swift 3 刪除了。

基本上在輸出函式會將給予的字串照印不誤，但當有 \ 開頭的字就要轉為其所對應的功能，如 \n 是跳行，\(number) 就是找出 number 所對應的值，而 \\ 將印出 \。

在 Swift 4 中新增幾個有關字串的函式，請參閱範例程式

範例程式

```
01  var content = "Swift"
02
03  print(content.count)
```

```
04    print(content.dropFirst())
05    print(content.dropFirst(2))
06    print(content.dropLast())
07    print(content.dropLast(2))
08    print(content)
```

📖 輸出結果

```
5
wift
ift
Swif
Swi
Swift
```

程式中 count 表示字串的長度。droopFirst() 表示刪除字串的前一個字元。droopFirst(2) 表示刪除字串的前二個字元。droopLast() 表示刪除字串的最後一個字元。droopLast(2) 表示刪除字串的最後二個字元。注意,最後的 content 不會因為前面的函式呼叫,而內容改變。

2.7.2 字串是屬於值型態

何謂值型態 (value type),基本上表示當你指定與複製字串時,將佔不同的記憶體空間,所以其中一個字串若更改了,也不會影響另一個字串,如下所示:

📖 範例程式

```
01    var myMobile = "iPhone 6"
02    var yourMobile = myMobile
03
04    print("My mobile phone is \(myMobile)")
05    print("Your mobile phone is \(yourMobile)")
06
07    yourMobile = "hTC"
08    print("\n")
09    print("My mobile phone is \(myMobile)")
10    print("Your mobile phone is \(yourMobile)")
```

輸出結果

```
My mobile phone is iPhone 6
Your mobile phone is iPhone 6

My mobile phone is iPhone 6
Your mobile phone is hTC
```

當我們將 myMobile 指定給 yourMobile 時，此時兩個字串各佔不同的記憶體空間，而且內容是一樣的，當修改 yourMobile 後，myMobile 是不會隨之改變的。從輸出結果可得知。

字串、陣列與詞典都是屬於值型態，而與值型態相對應的是參考型態 (reference type) 它適用於類別 (class)，其表示複製參考給另一個，而不是複製空間，更清楚的解釋是，它們共用相同的記憶體空間。在第 9 章我們再加以討論。

2.8 選項型態

Swift 還有一獨特的資料型態，那就是選項型態 (optional type)。選項型態的變數或常數，表示它可能沒有值，亦即選項型態的變數或常數不是有值就是無資料 (nil)，這讓我想起賓士有一則廣告詞：「不是最好，就是無 」(The best or nothing)。

宣告方式很簡單只要在型態名稱後加上 ？，如下範例程式所示：

範例程式

```
01  // optionals type
02  var stringValue: String? = "Hello, Swift"
03  print(stringValue)
04  stringValue = nil
05  print(stringValue)
```

輸出結果

```
Optional("Hello, Swift")
nil
```

表示 stringValue 變數是字串的選項型態，初始值為 "Hello, Swift"。在輸出結果中，在 "Hello, Swift" 前有 Optional，表示它是選項型態。之後，將 nil 指定給 stringValue。

注意，若上述的 stringValue 只有選項字串型態，沒有給予初始值，則其初始值是 nil。

Swift 的 nil 和 Objective-C 的 nil 不同。Objective-C 的 nil 表示它是指向不存在物件的指標，而 Swift 的 nil 不是指標，它表示某一型態無值。選擇型態不只可用於物件型態，也可用於任何型態的資料。

範例程式

```
01  // implicitly unwrapped optionals
02  let possibleInt: Int? = 123
03  print(possibleInt!)
04  let possibleInteger: Int! = 4567
05  print(possibleInteger)
```

輸出結果

```
123
4567
```

其中 possibleInt 是整數的選項型態，若確定有資料，則可在變數或常數名稱後加上 !。另一種是隱含解開選項型態 (implicitly unwrapped optional)，如 possibleInteger 變數的型態為 Int!，表示 possibleInteger 變數確定有資料存在。我們將在後面遇到此主題時會再加以討論。

上述的

```
print(possibleInt!)
```

改為

```
print(possibleInt)
```

將會印出

```
Optional(123)
```

和上一範例程式相同，多了 Optional 這幾個字。

自我練習題

1. 以下的程式皆有些許的 bugs，可否請你幫忙 debug，順便練一下功力。

(a)

```
let oneMillion = 10_00_000
print(oneMillion)
let tenThousand = 1_000_0

let sum = oneMillion + tenThousand
print("oneMillion + tenMillion = sum")
```

(b)

```
var myMobile = "iPhone 6"
var yourMobile = myMobile
print("My mobile phone is (myMobile)")
print("Your mobile is (yourMobile)")

yourMobile = "hTC"
print("")
print("My mobile phone is (myMobile)")
print("Your mobile is (yourMobile)")
```

(c)

```
var str3 = "I love Swift"
if str3 = iLoveSwift {
    print("str3 is equal to iLoveSwift")
}
```

(d)

```
let mobile = [
    Apple: iPhone 6,
    Apple: iPad,
    Android: hTC,
    Android: Samsung,
    Android: Sony
]

for i on mobile {
    if i.hasPrefix(Apple) {
        print(i)
    }
}
```

(e)

```
let iLoveSwift = "Swift is a " + "powerful "
iLoveSwift += "programming language"
print(iLoveSwift)
```

(f)

```
/* This is a nested comment statement
/* so you can write many statements
to explain the problem */

var tooSmall = Int.min - 1
var tooLarge = Int.max + 1
var unsignedNumber: Uint = -1
```

(g)

```
let inches = 2
let cm = inches * 2.54
print("\(inches) inches = \(cm) cm")
```

(h)

```
let world = "
Hello, Swift 4
Let's learning Swift 4
Swift it fun
"
```

2. 試問下列程式的輸出結果。

(a)

```
let decimalValue = 101
let binaryValue = 0b1100101
let octoalValue = 0o250
let hexValue = 0x65

print("以十進位表示：", terminator: "")
print("101 = \(decimalValue)")
print("0b1100101 = \(binaryValue)")
print("0o250 = \(octoalValue)")
print("0x65 = \(hexValue)")
```

(b)

```
// implicitly unwrapped optionals
let possibleInt: Int? = 168
print(possibleInt!)
let possibleInteger: Int! = 5201314
print(possibleInteger)
```

(c)

```
let mobile = [
    "Apple: iPhone 6",
    "Apple: iPad",
    "Android: hTC",
    "Android: Samsung",
    "Android: Sony"]

for i in mobile {
    if i.hasPrefix("Android") {
        print(i)
    }
}

for i in mobile {
    if i.hasSuffix("Sony") {
        print(i)
    }
}
```

(d)

```
let threeLines = """
Hello, Swift 4
Let's learning Swift 4
Swift it fun
"""
print(threeLines)
```

(e)

```
var content2 = "Hello, Swift"

print(content2.count)
print(content2.dropFirst())
print(content2.dropFirst(3))
print(content2.dropLast())
print(content2.dropLast(3))
print(content2)
```

3

CHAPTER

運算子

運算子(operator)通常是一符號(symbol)，它具有特定的功能，如＋表示是一加法的符號。

學習運算子時，要注意的是運算子的運算優先順序(priority)及結合性(associative)。運算優先順序愈高表示要先運算，而結合性表示是由左至右運算，或是由右至左運算。大部份的運算子的結合性是由左至右，少數是由右至左。

常用的 Swift 運算子計有算術運算子、關係運算子、邏輯運算子、位元運算子、遞增與遞減運算子及指定運算子。茲分別敘述如下：

3.1 算術運算子

Swift 的算術運算子(arithmetic operator)計有 + (加)、- (減)、* (乘)、/ (除)、% (兩數相除取其餘數)。一般的算術的運算規則是「先乘除，後加減」。所以 *、/、% 的運算優先順序高於 +、-。算術運算子的結合性是由左至右，不過可利用小括號改變其運算的順序。請參閱以下範例程式。

📥 範例程式

```
01 | // arithmetic operator
02 | let a = 100, b = 30
03 | print("\(a) + \(b) = \(a+b)")
04 | print("\(a) - \(b) = \(a-b)")
05 | print("\(a) * \(b) = \(a*b)")
```

```
06  print("\(a) / \(b) = \(a/b)")
07  print("\(a) % \(b) = \(a%b)")
08
09  let d = Double(a) / Double(b)
10  print("\(a) / \(b) = \(d)")
```

📄 輸出結果

```
100 + 30 = 130
100 - 30 = 70
100 * 30 = 3000
100 / 30 = 3
100 % 30 = 10
100 / 30 = 3.33333333333333
```

要注意的是，兩個整數相除，其結果是整數，如 100 / 30，答案是 3。

若要得到正確的答案可利用型態轉換(type casting)，如範例中的

```
Double(a) / Double(b)
```

暫時將 a 與 b 變數由整數型態轉為 Double 的資料型態，而敘述

```
100 % 30
```

表示 100 除以 30 的餘數是 10。注意，

```
a / Double(b)
```

是不行的，因為兩數相除時，兩數的資料型態要一樣才可以。

+ 運算子也可用於字串與字串或字元之間的連接，如下範例程式所示：

📋 範例程式

```
01  let concateStr: String = "Hello " + "Swift"
02  print(concateStr)
03  let concateStrAndChar: String = "iPhone " + "6"
04  print(concateStrAndChar)
```

📄 輸出結果

```
Hello Swift
iPhone 6
```

上述敘述說明將字串 "Hello " 與字串 "Swift" 相連，然後指定給 concateStr。同理，將 "iPhone " 與 "6" 相連，再將它指定給 concateStrAndChar。

3.2 關係運算子

Swift 的關係運算子(relational operator)計有 <(小於)、<=(小於等於)、>(大於)、>=(大於等於)、==(等於)、!=(不等於)。關係運算子也可稱為比較運算子(comparative operator)。

關係運算子的運算優先順序低於算術運算子，這表示在一運算式中，若有算術運算子，則會優先被運算。同類的關係運算子中，< 、<=、>、 >= 的運算順序高於 == 與 != 。而此類的運算子之結合性也是由左至右。

經由關係運算子的運算式，其最後的結果不是真，就是假。若為真，則輸出結果 true，否則，輸出結果 false。請看以下範例程式。

📱 範例程式

```
01  // relational operator
02  let a = 100, b = 30
03  print("\(a) > \(b) = \(a > b)")
04  print("\(a) >= \(b) = \(a >= b)")
05  print("\(a) < \(b) = \(a < b)")
06  print("\(a) <= \(b) = \(a <= b)")
07  print("\(a) == \(b) = \(a == b)")
08  print("\(a) != \(b) = \(a != b)")
```

🔍 輸出結果

```
100 > 30 = true
100 >= 30 = true
100 < 30 = false
100 <= 30 = false
100 == 30 = false
100 != 30 = true
```

關係運算子敘述最後的結果不是 true 就是 false，而不像 C 或 Objective-C 的結果為 1 或是 0。

3.3 邏輯運算子

Swift 的邏輯運算子 (logical operator) 計有 &&(且)、||(或)、!(反)。基本上，邏輯運算子的運算優先順序比最後一章的位元運算子來得低，但比指定運算子來得高。結合性是由左至右。但 ! 的運算子是例外，它與 3.4 節所談論的遞增與遞減運算子相同。其中 && 又高於 ||。詳細情形請參閱本章後面的表 3-4。

邏輯運算子的目的是將條件變為嚴格或寬鬆。若利用 &&，則會將條件變為嚴格，因為兩個條件皆為真才為真。如表 3-1 所示：

表 3-1　邏輯運算子 && 的真值表

條件式 1	條件式 2	條件式 1 && 條件式 2
真	真	真
真	假	假
假	真	假
假	假	假

若利用 ||，則會使條件變為寬鬆，因為只要有一條件為真就為真。如表 3-2 所示：

表 3-2　邏輯運算子 || 的真值表

條件式 1	條件式 2	條件式 1 || 條件式 2
真	真	真
真	假	真
假	真	真
假	假	假

而 ! 的功能有點像豬羊變色，將真變為假，或是將假變為真。如表 3-3 所示：

表 3-3　邏輯運算子 ! 的真值表

條件式	!條件式
真	假
假	真

在

　條件式 1 && 條件式 2

中，若條件式 1 為假，則結果將為假，因此，不必再看條件式 2。

在

　條件式 1 || 條件式 2

中，若條件式 1 為真，則結果將為真，因此，不必再看條件式 2。請參閱下一範例程式。這種不必再看條件式 2 的方法，可使程式執行更有效率。

📱 範例程式

```
01 | // logical  operator
02 | let a = 100, b = 30
03 | let andOper: Bool = a > 90 && b < 20
04 | print("\(a) > 90 && \(b) < 20  = \(andOper)")
05 |
06 | let orOper: Bool = a > 90 || b < 20
07 | print("\(a) > 90 || \(b) < 20  = \(orOper)")
08 |
09 | let notOper: Bool = !(a > 90)
10 | print("!(\(a) > 90) = \(notOper)")
```

📱 輸出結果

```
100 > 90 && 30 < 20  = false
100 > 90 || 30 < 20  = true
!(100 > 90) = false
```

第一個敘述為假，乃是因為 b < 20 為假，因為真且假為假。第二個敘述為真，乃是因為真或假為真。最後敘述為假，乃是因為 100 > 90 為真，採取反的邏輯運算子，結果將為 false。

3.4 指定運算子與算術指定運算子

指定運算子是最常用到的，要注意的是運算式的左邊一定要為變數，這樣才可以接受右邊的值。指定運算子是目前討論到運算子中運算優先順序最低的，其結合性是由右至左。

當算術運算子與指定運算子合在一起時，此運算子稱為算術指定運算子 (arithmetic assignment operator)。我們也將它歸類在指定運算子中。若 op 表示某一算術運算子，則下一敘述

```
x op= 10;
```

等同於

```
x = x op 10;
```

請參閱下一範例程式。

範例程式

```
01    // arithmetic assignment operator
02    var num = 100
03    print("num = \(num)")
04
05    num += 2
06    print("\n 加2後")
07    print("num = \(num)")
08
09    num -= 2
10    print("\n 減2後")
11    print("num = \(num)")
12
13    num *= 2
14    print("\n 乘2後")
15    print("num = \(num)")
16
17    num /= 2
18    print("\n 除2後")
19    print("num = \(num)")
```

📑 輸出結果

```
num = 100

加2後
num = 102

減2後
num = 100

乘2後
num = 200

除2後
num = 100
```

其中

```
num += 2;
```

表示

```
num = num + 2;
```

依此類推。注意，num 會隨著程式的執行而改變。

有關運算子的運算優先順序，建議先記大原則，再來看哪些是例外的運算子。由高至低分別為遞增與遞減運算子、算術運算子、關係運算子、邏輯運算子，最後是指定運算子和算術指定運算子。

至於結合性除了遞增與遞減運算子、指定運算子和算術指定運算子，！及 ~ 運算子是由右至左外，其餘都是由左至右執行運算的。

表 3-4 是本章所提及有關運算子的運算優先順序與結合性的資訊，愈上面的運算子，其運算順序愈高，所以是由上往下遞減之。

3.5 兩數對調

一般我們要將兩數對調，皆會借助另一變數加以完成。如下範例所示：

範例程式

```
01  var a = 100
02  var b = 200
03  print("a = \(a), b = \(b)")
04
05  let temp = a
06  a = b
07  b = temp
08  print("a = \(a), b = \(b)") var a = 100
```

輸出結果

```
a = 100, b = 200
a = 200, b = 100
```

程式中利用 temp 變數做為暫時存放的空間，從輸出結果可得知，a 和 b 確實相互對調了。

新版的 Swift 4 不需要暫時的變數就可以達成，如下範例所示：

範例程式

```
01  var a = 100
02  var b = 200
03  print("a = \(a), b = \(b)")
04
05  (a, b) = (b, a)
06  print("a = \(a), b = \(b)")
```

輸出結果

```
a = 100, b = 200
a = 200, b = 100
```

程式中以

```
(a, b) = (b, a)
```

來完成 a 和 b 兩數的對調

表 3-4　Swift 運算子的運算優先順序與結合性

運算子	結合性
!	由右至左
* / %	由左至右
+ -	由左至右
< <= > >=	由左至右
== !=	由左至右
&&	由左至右
||	由左至右
= += -= *= /= %=	由右至左

除了上述的運算子外，還有位元運算子，由於它牽涉到運算子函式，所我們將於第 18 章再來討論。

自我練習題

1. 試問下列程式的輸出結果：

(a)

```
// arithmetic operator
let a = 200, b = 3
print("\(a) + \(b) = \(a+b)")
print("\(a) - \(b) = \(a-b)")
print("\(a) * \(b) = \(a*b)")
print("\(a) / \(b) = \(a/b)")
print("\(a) % \(b) = \(a%b)")

let d = Double(a) / Double(b)
print("\(a) / \(b) = \(d)")
```

(b)

```
// arithmetic operator
var a, b: Int
a = 80 + 60 * 3 - 20 / 2
b = 60 * 2 + 30 / 2 + 65

print("a = \(a)")
print("b = \(b)")

print("10 / 3 = \(10/3)")
print("10.0 / 3 = \(10.0/3)")
```

(c)

```
// relational operator
let a = 30, b = 100
print("\(a) > \(b) = \(a > b)")
print("\(a) >= \(b) = \(a >= b)")
print("\(a) < \(b) = \(a < b)")
print("\(a) <= \(b) = \(a <= b)")
print("\(a) == \(b) = \(a == b)")
print("\(a) != \(b) = \(a != b)")
```

(d)

```
// logical  operator
let a = 30, b = 100
let andOper: Bool = a > 90 && b < 20
print("\(a) > 90 && \(b) < 90  = \(andOper)")

let orOper: Bool = a > 90 || b < 20
print("\(a) > 90 || \(b) < 90  = \(orOper)")

let notOper: Bool = !(a > 90)
print("!(\(a) > 90) = \(notOper)")
```

(e)

```
// arithmetic assignment operator
var num = 20
print("num = \(num)")

num += 2
print("\n 加 2 後")
print("num = \(num)")

num -= 2
print("\n 減 2 後")
print("num = \(num)")

num *= 2
print("\n 乘 2 後")
print("num = \(num)")

num /= 2
print("\n 除 2 後")
print("num = \(num)")
```

(f)

```
var x = "94 強"
var y = "87 分"
print("x = \(x), y = \(y)")

let z = x
x = y
y = z
print("x = \(x), y = \(y)")

(x, y) = (y, x)
print("x = \(x), y = \(y)")
```

4
CHAPTER

迴圈敘述

在我們日常生活中，常常會將某些相同的事情處理多次。這也對應了 Swift 的迴圈敘述(loop statement)。在程式設計中，迴圈敘述就是重複執行某一些敘述。

Swift 的迴圈敘述計有 while、repeat…while，以及 for-in 等三種。我們將一一舉例說明之。

4.1 while 迴圈敘述

while 迴圈敘述的語法如下：

```
初值設定運算式
while 條件運算式 {
    迴圈主體敘述
    更新運算式
}
```

while 迴圈敘述要先判斷條件運算式是否為真，若是，則執行迴圈主體敘述與更新運算式，否則結束迴圈。

基本上，這三種迴圈敘述是可以交換使用的。因此，我們將以一些相同的題目，而以不同的迴圈敘述加以撰寫之。

若將 1 加到 100 的範例程式改以 while 迴圈的話，則程式如下所示：

範例程式

```
01   // while loop
02   var total = 0, index = 1
03   while index <= 100 {
04       total += index
05       index += 1
06   }
07   print("1 加到\(index-1)的總和: \(total)")
```

輸出結果

1 加到 100 的總和：5050

此範例程式對應的流程圖如下：

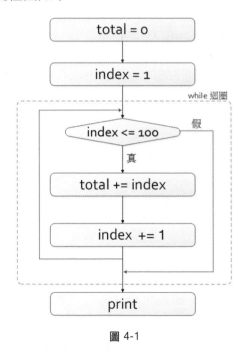

圖 4-1

在迴圈主體的敘述也是有順序，不可以隨意對調的，如將更新敘述與加總敘述調換，將會有不同的輸出結果。如下一範例程式所示：

📑 範例程式

```
01    var total = 0, index = 1
02    while index <= 100 {
03        index += 1
04        total += index
05    }
06    print("1 加到\(index-1)的總和: \(total)")
```

📑 輸出結果

> **1 加到 100 的總和: 5150**

這顯然是錯誤的答案。究其原因是您的運算邏輯出錯了。這類的邏輯錯誤較不易除錯，所以要特別小心。

接著來討論 repeat…while 迴圈。這與前述的迴圈有些許不同。

4.2　repeat…while 迴圈敘述

while 迴圈敘述可稱為理性迴圈敘述，因為必須在條件為真時，才會執行迴圈主體敘述，也就是經由理性的判斷後，才決定是否要執行。但有些情況下，不必如此的理性，如您要玩一電腦遊戲，它一定先讓您玩一次後，再詢問要不要再玩。若一開始就詢問要不要玩，我想您要玩的意願一定會降低，不是嗎？所以 repeat…while 迴圈敘述就由此產生。

repeat…while 迴圈敘述語法如下：

```
初值設定運算式
repeat {
    迴圈主體敘述
    更新運算式
} while 條件運算式
```

repeat…while 之間是以左、右大括號括起來的。而且在 while 後面的條件運算式不需要加括號。

若將 1 加到 100 的範例程式，改以 repeat...while 撰寫的話，則程式如下所示：

📋 範例程式

```
01    // repeat-while loop
02    var total = 0, index = 1
03    repeat {
04        total += index
05        index += 1
06    } while index <= 100
07    print("1 加到\(index-1)的總和: \(total)")
```

📋 輸出結果

1 加到 100 的總和: 5050

注意！不可以將加總與更新敘述對調，否則會有不同的輸出結果，您可以試試看。

此範例程式對應的流程圖如下：

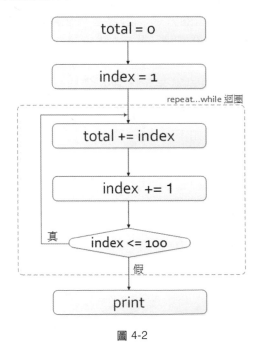

圖 4-2

若要計算 1 加到 100 的偶數和，如以下程式所示：

📑 範例程式

```
01    // 1 加到 100 的偶數和
02    var total = 0, index = 2
03    repeat {
04        total += index
05        index += 2
06    } while index <= 100
07    print("1 加到\(index-2)的偶數和: \(total)")
```

📑 輸出結果

```
1 加到 100 的偶數和: 2550
```

4.3　for-in 迴圈敘述

接下來討論 Objective-C 和 C 語言沒有的 for-in 迴圈敘述。for-in 迴圈敘述可能會使用到兩個區間運算子，一為包含區間運算子 (closed range operator)，二為未包含區間運算子 (opened range operator)，其分別以 … 和 ..< 表示之。請看以下的範例程式。

📑 範例程式

```
01    // for-in loop statement
02    for i in 1...6 {
03        print("\(i) adds 5 is \(i+5)")
04    }
```

📑 輸出結果

```
1 adds 5 is 6
2 adds 5 is 7
3 adds 5 is 8
4 adds 5 is 9
5 adds 5 is 10
6 adds 5 is 11
```

上述的 for-in 迴圈敘述（第 2 行），表示執行的次數是此區間包含的數值。由於程式中是以 1...6 的包含區間運算子，所以 i 從 1 執行到 6，共 6 次。若以未包含區間運算子 1..<6 執行的話，將只執行 5 次，如下所示：

範例程式

```
01    // for-in loop statement
02    for i in 1..<6 {
03        print("\(i) adds 5 is \(i+5)")
04    }
```

輸出結果

```
1 adds 5 is 6
2 adds 5 is 7
3 adds 5 is 8
4 adds 5 is 9
5 adds 5 is 10
```

也可以用於將字串中所有的字元印出，如下所示：

```
for char in "Swift" {
    print(char)
}
```

表示將字串 "Swift" 中的字元一一印出。輸出結果如下：

輸出結果

```
S
w
i
f
t
```

若在迴圈的主體敘述過程中，不會用到區間值，此時可以底線(_)表示。如下範例程式所示：

範例程式

```
01    // for-in loop statement
02    let end = 5
```

```
03    for _ in 1...end {
04        print("Learning Swift now!")
05    }
```

📑 輸出結果

```
Learning Swift now!
Learning Swift now!
Learning Swift now!
Learning Swift now!
Learning Swift now!
```

我們也可將上述 1 加到 100 的程式改以撰寫，其程式如下所示：

📑 範例程式

```
01    var total = 0, end = 100
02    for i in 1...end {
03        total += i
04    }
05    print("1 加到 \(end) 的總和: \(total)")
```

📑 輸出結果

```
1 加到 100 的總和: 5050
```

若要產生 10 個介於 0~999 之間的亂數，則可以利用下一範例程式加以完成。

📑 範例程式

```
01    import Foundation
02    var randNumbers: UInt32
03    for index in 1...10 {
04        randNumbers = arc4random_uniform(1000)
05        print("\(randNumbers) ", terminator: "")
06    }
07    print("")
```

📑 輸出結果

```
351 798 764 375 865 520 358 728 681 77
```

的有一變數 randNumbers 其型態為 UInt32。再利用 arc4random_uniform 函式產生亂數，其中的參數 1000，表示產生 0 到小於 999 的亂數。記得要將 Foundation 載入進來，因為程式呼叫 arc4random_uniform() 函式，而且本章是在 iOS 下運作的。若是在 macOS 下運作，則需載入 Cocoa，如第 1 章 1.3 節所示。因此從載入的類別便可知其在那一個系統下運作的。

for-in 迴圈敘述也可以用於陣列和詞典，將陣列和詞典的所有元素一一印出，這在第 6 章聚集型態，討論陣列和詞典時再加以說明。值得注意的是，Swift 3 版本已經以 for-in 迴圈取代傳統的 for 迴圈。

4.4 巢狀迴圈

若在迴圈敘述內包含另一迴圈敘述，則稱之為巢狀迴圈(nested loop)。我們以一範例程式說明之。

📲 範例程式

```
01  // nest loop
02  for i in 1...3 {
03      print("i=\(i)")
04      print("j=", terminator: "")
05      for j in 1...9 {
06          print(" \(j)", terminator: "")
07      }
08      print("\n")
09  }
```

🔍 輸出結果

```
i=1
j= 1 2 3 4 5 6 7 8 9

i=2
j= 1 2 3 4 5 6 7 8 9

i=3
j= 1 2 3 4 5 6 7 8 9
```

此程式的第一個 for 敘述（第 2 行），稱為外迴圈，此迴圈的 i 是從 1 到 3。而第二個 for 敘述（第 5 行），稱之為內迴圈，此迴圈的 j 是從 1 到 9。從輸出結果得知，當 i 每執行一次時，j 會執行 9 次。

來一個更具體的範例，還記得小學時，老師和父母一定要叫我們熟背九九乘法表吧！下一程式是以 Swift 所撰寫九九乘法表的第一版本。

範例程式

```
01    // 九九乘法表 version 1
02    import Foundation
03    for i in  1...9  {
04       for j in  1...9  {
05          print(String(format: "%d*%d=%2d ", i, j, i*j))
06       }
07    }
```

輸出結果

```
1*1= 1
1*2= 2
1*3= 3
1*4= 4
1*5= 5
1*6= 6
1*7= 7
1*8= 8
1*9= 9
2*1= 2
2*2= 4
2*3= 6
2*4= 8
2*5=10
2*6=12
2*7=14
2*8=16
2*9=18
3*1= 3
3*2= 6
3*3= 9
3*4=12
3*5=15
3*6=18
3*7=21
```

```
3*8=24
3*9=27
4*1= 4
4*2= 8
4*3=12
4*4=16
4*5=20
4*6=24
4*7=28
4*8=32
4*9=36
5*1= 5
5*2=10
5*3=15
5*4=20
5*5=25
5*6=30
5*7=35
5*8=40
5*9=45
6*1= 6
6*2=12
6*3=18
6*4=24
6*5=30
6*6=36
6*7=42
6*8=48
6*9=54
7*1= 7
7*2=14
7*3=21
7*4=28
7*5=35
7*6=42
7*7=49
7*8=56
7*9=63
8*1= 8
8*2=16
8*3=24
8*4=32
8*5=40
8*6=48
8*7=56
8*8=64
8*9=72
9*1= 9
```

```
9*2=18
9*3=27
9*4=36
9*5=45
9*6=54
9*7=63
9*8=72
9*9=81
```

此程式必須載入下一敘述

```
import Foundation
```

因為用到 String 的格式化函式：

print(String(format: "%d%d=%2d ", i, j, i*j))*

參數 format 後接冒號，接下來格式化的字串，在格式化字串中的%d 會有一欲印出的整數與之對應，而%2d 中的 2 表示有 2 位的欄位寬。

從輸出結果得知，每一列印出就跳行，這樣太浪費空間了。由於 print 本身功能就會換行，所以必須在第 5 行 print 函式後面加一參數 terminator: "" 達成此項目標。下一程式是九九乘法表的第二版本：

📥 範例程式

```
01    // 九九乘法表 version 2
02    import Foundation
03    for i in  1...9  {
04        for j in  1...9  {
05            print(String(format: "%d*%d=%2d ", i, j, i*j), terminator: "")
06        }
07    }
```

🔍 輸出結果

```
1*1= 1 1*2= 2 1*3= 3 1*4= 4 1*5= 5 1*6= 6 1*7= 7 1*8= 8 1*9= 9 2*1= 2 2*2= 4 2*3=
6 2*4= 8 2*5=10 2*6=12 2*7=14 2*8=16 2*9=18 3*1= 3 3*2= 6 3*3= 9 3*4=12 3*5=15
3*6=18 3*7=21 3*8=24 3*9=27 4*1= 4 4*2= 8 4*3=12 4*4=16 4*5=20 4*6=24 4*7=28
4*8=32 4*9=36 5*1= 5 5*2=10 5*3=15 5*4=20 5*5=25 5*6=30 5*7=35 5*8=40 5*9=45 6*1=
6 6*2=12 6*3=18 6*4=24 6*5=30 6*6=36 6*7=42 6*8=48 6*9=54 7*1= 7 7*2=14 7*3=21
7*4=28 7*5=35 7*6=42 7*7=49 7*8=56 7*9=63 8*1= 8 8*2=16 8*3=24 8*4=32 8*5=40
8*6=48 8*7=56 8*8=64 8*9=72 9*1= 9 9*2=18 9*3=27 9*4=36 9*5=45 9*6=54 9*7=63
9*8=72 9*9=81
```

我想這一輸出結果不太好看，而且也不太美觀，因為全部的輸出都擠在一起。其中 print 函式最後的參數 terminator: "" 表示不跳行的意思。

改進方式很簡單，只要在每一列輸出之後跳行即可。下一程式是九九乘法表的第三版本：

📑 範例程式

```
01   // 九九乘法表 version 3
02   import Foundation
03   for i in  1...9  {
04      for j in  1...9  {
05         print(String(format: "%d*%d=%2d ", i, j, i*j), terminator: "")
06      }
07      print("")
08   }
```

📑 輸出結果

```
1*1= 1 1*2= 2 1*3= 3 1*4= 4 1*5= 5 1*6= 6 1*7= 7 1*8= 8 1*9= 9
2*1= 2 2*2= 4 2*3= 6 2*4= 8 2*5=10 2*6=12 2*7=14 2*8=16 2*9=18
3*1= 3 3*2= 6 3*3= 9 3*4=12 3*5=15 3*6=18 3*7=21 3*8=24 3*9=27
4*1= 4 4*2= 8 4*3=12 4*4=16 4*5=20 4*6=24 4*7=28 4*8=32 4*9=36
5*1= 5 5*2=10 5*3=15 5*4=20 5*5=25 5*6=30 5*7=35 5*8=40 5*9=45
6*1= 6 6*2=12 6*3=18 6*4=24 6*5=30 6*6=36 6*7=42 6*8=48 6*9=54
7*1= 7 7*2=14 7*3=21 7*4=28 7*5=35 7*6=42 7*7=49 7*8=56 7*9=63
8*1= 8 8*2=16 8*3=24 8*4=32 8*5=40 8*6=48 8*7=56 8*8=64 8*9=72
9*1= 9 9*2=18 9*3=27 9*4=36 9*5=45 9*6=54 9*7=63 9*8=72 9*9=81
```

哇！真的耶，漂亮多了，我們只在第 7 行加入 print("")。但這樣的格式不是我們要的輸出版面格式，所以需要再將上一範例程式稍微修改一下。下一程式是九九乘法表的第四版本：

📑 範例程式

```
01   // 九九乘法表 version 4
02   import Foundation
03   for i in  1...9  {
04      for j in  1...9  {
05         print(String(format: "%d*%d=%2d ", j, i, i*j), terminator: "")
06      }
```

```
07        print("")
08    }
```

📖 輸出結果

```
1*1= 1 2*1= 2 3*1= 3 4*1= 4 5*1= 5 6*1= 6 7*1= 7 8*1= 8 9*1= 9
1*2= 2 2*2= 4 3*2= 6 4*2= 8 5*2=10 6*2=12 7*2=14 8*2=16 9*2=18
1*3= 3 2*3= 6 3*3= 9 4*3=12 5*3=15 6*3=18 7*3=21 8*3=24 9*3=27
1*4= 4 2*4= 8 3*4=12 4*4=16 5*4=20 6*4=24 7*4=28 8*4=32 9*4=36
1*5= 5 2*5=10 3*5=15 4*5=20 5*5=25 6*5=30 7*5=35 8*5=40 9*5=45
1*6= 6 2*6=12 3*6=18 4*6=24 5*6=30 6*6=36 7*6=42 8*6=48 9*6=54
1*7= 7 2*7=14 3*7=21 4*7=28 5*7=35 6*7=42 7*7=49 8*7=56 9*7=63
1*8= 8 2*8=16 3*8=24 4*8=32 5*8=40 6*8=48 7*8=56 8*8=64 9*8=72
1*9= 9 2*9=18 3*9=27 4*9=36 5*9=45 6*9=54 7*9=63 8*9=72 9*9=81
```

這才是我們當小學生時，所使用的墊板後面所列出的九九乘法表之格式。只是將 print 函式中的 i 和 j 對調而已（第 5 行）。由於第一列的第一個數字會隨著程式的執行而改變，所以將內迴圈的控制變數 j 列為優先。

再來看看其他的應用範例，如下一範例程式是按照階層印出不同的數字，第一階印出 1，第二階印出 1 和 2，第三階印出 1、2 及 3，依此類推。

📝 範例程式

```
01    var j: Int
02    for i in 1...9 {
03        j = 1
04        while j <= i {
05            print(" \(j)", terminator: "")
06            j += 1
07        }
08        print("\n", terminator: "")
09    }
```

📖 輸出結果

```
1
1 2
1 2 3
1 2 3 4
1 2 3 4 5
```

```
1 2 3 4 5 6
1 2 3 4 5 6 7
1 2 3 4 5 6 7 8
1 2 3 4 5 6 7 8 9
```

注意，內迴圈的條件運算式為

```
j <= i
```

表示最多印到 i 為止。而下一範例程式是上一範例程式的擴充。只增加了一遞減的迴圈而已。

📑 範例程式

```
01  var i, j: Int
02  for i in 1...9 {
03      for j in 1...i {
04          print(" \(j)", terminator: "")
05      }
06      print("\n", terminator: "")
07  }
08
09  i=8
10  while i>=1 {
11      for j in 1...i {
12          print(" \(j)", terminator: "")
13      }
14      i = i - 1
15      print("\n", terminator: "")
16  }
```

📑 輸出結果

```
1
1 2
1 2 3
1 2 3 4
1 2 3 4 5
1 2 3 4 5 6
1 2 3 4 5 6 7
1 2 3 4 5 6 7 8
1 2 3 4 5 6 7 8 9
1 2 3 4 5 6 7 8
1 2 3 4 5 6 7
```

```
1 2 3 4 5 6
1 2 3 4 5
1 2 3 4
1 2 3
1 2
1
```

當我們撰寫程式時，幾乎都會用到迴圈敘述，所以必須要確實的了解它。一個問題都可以使用其中的某一個迴圈敘述來撰寫，當某一天有些迴圈不適用時，相信您應有這種能力加以修改。下一章是選擇敘述，也是使用頻率相當高的敘述。當迴圈敘述碰上選擇敘述會擦出什麼火花，請參閱第五章的選擇敘述。

自我練習題

1. 試利用 while 與 repeat…while 迴圈敘述，撰寫一程式計算 1 到 1000 總和、偶數和，以及奇數和。

2. 試問下一程式在做什麼？試說明之。

```
var u=30, v=25, temp=1
print("\(u) 與 \(v) 的最大公約數是 ")

while v != 0 {
    temp = u%v
    u=v
    v=temp
}
print(u)
```

3. 試求兩個分數相加，並予以約分。

   提示：必須求出分子與分母的最大公因數(great common divisor, gcd)，然後將分子與分母除以 gcd。

4. 利用任一迴圈敘述印出以下的圖形。

   (a)

```
*
**
***
****
*****
```

   (b)

```
    *
   **
  ***
 ****
*****
```

(c)

```
*****
****
***
**
*
```

(d)

```
*****
 ****
  ***
   **
    *
```

5. 試問下列片段程式的輸出結果：

(a)

```
// for loop
var index: Int
var total = 0
for index in 2..<100 {
    total += index
}
print("\(total)")
```

(b)

```
// while loop
var total = 0, index = 1
while index < 100 {
    total += index
    index++
}
print("\(total)")
```

(c)

```
// while loop
var total = 0, index = 1
while index < 100 {
    index = index + 1
```

```
        total += index
}
print("\(total)")
```

(d)

```
// repeat-while loop
var total = 0, index = 1
repeat {
    total += index
    index += 2
} while index <= 100
print("\(total)")
```

(e)

```
// repeat-while loop
var total = 0, index = 1
repeat {
    total += index
    index += 1
} while index < 100
print("\(total)")
```

(f)

```
// repeat-while loop
var total = 0, index = 1
repeat {
    index += 1
    total += index
} while index <= 100
print("\(total)")
```

(g)

```
// for-in loop statement
for i in 1..<6 {
    print("\(i) times 5 is \(i*5)")
}
```

6.　以下的程式是計算 1 加到 100 的總和，若程式中有 bugs，請你 debug
一下。

(a)

```
// for loop
var index: Int
var total = 0
for index in 1..< 100 {
    total += index
}
print("1 加到\(index-1)的總和: \(total)")
```

(b)

```
// while loop
var total = 0, index = 1
while index < 100 {
    total += index
}
print("1 加到\(index-1)的總和: \(total)")
```

(c)

```
// while loop
var total = 0, index = 1
while index <= 100 {
        index++
        total += index
}
print("1 加到\(index-1)的總和: \(total)")
```

(d)

```
// repeat-while loop
var total:Int, index = 1
repeat {
    total += index
    index = index+1
} while index >= 100
print("1 加到\(index-1)的總和: \(total)")
```

(e)

```
// for-in loop
var total = 0, end = 100
for i in 1..<end {
    total += i
}
print("1 加到\(end)的總和: \(total)")
```

7. 依據以下的輸出結果撰寫 Swift 程式：以下是九九乘法表不同的表示方式。

(a)

```
1   2   3   4   5   6   7   8   9
2   4   6   8  10  12  14  16  18
3   6   9  12  15  18  21  24  27
4   8  12  16  20  24  28  32  36
5  10  15  20  25  30  35  40  45
6  12  18  24  30  36  42  48  54
7  14  21  28  35  42  49  56  63
8  16  24  32  40  48  56  64  72
9  18  27  36  45  54  63  72  81
```

(b)

```
1
2   4
3   6   9
4   8  12  16
5  10  15  20  25
6  12  18  24  30  36
7  14  21  28  35  42  49
8  16  24  32  40  48  56  64
9  18  27  36  45  54  63  72  81
```

5 CHAPTER

選擇敘述

在我們的人生中常常要做選擇，例如，升學或是就業，出國或留在國內唸研究所，去瑞士或是義大利旅行，買休旅車或轎車等等，這些都是在做選擇。同樣的，在撰寫 Swift 時，也常常要加以判斷，從中選擇適當的敘述執行之，此稱為選擇敘述(selection statement)。

Swift 提供多樣化的選擇敘述，計有 if、if..else、else...if 及 switch 等等，除此之外，還提供三元運算子、break、continue、fallthrough 以及標籤敘述，這些主題將在本章加以闡述之。

5.1 if 敘述

if 敘述，表示若條件運算式為真時，則執行其對應的敘述，若為假，則不做任何事。其格式如下：

```
if 條件運算式 {
    當條件為真時，要執行的敘述
}
```

我們以下一範例程式說明如何求得某數的絕對值。

📑 範例程式

```
01   // selection statement
02   var num = -100
```

```
03    if num < 0 {
04        num = -num
05    }
06    print("num 的絕對值為 \(num)")
```

📄 輸出結果

num 的絕對值為 100

範例程式中的 if 敘述,以流程圖表示如下:

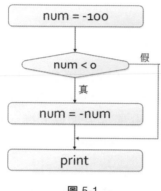

圖 5-1

當輸入的數值是小於 0 時,將此數值加上負號,而數值是大於 0 時,將不予理會,這是在算 num 的絕對值。

您是否有注意到,if 後面的條件運算式不必加括號,這和 Objective-C 和 C 要加括號是不一樣的。Swift 在 if 後面的主體敘述不管有一條或多條敘述,皆要加上大括號。

再看一範例,判斷 John 考試的分數是否通過。

📱 範例程式

```
01    let johnScore = 88
02    if johnScore >= 60 {
03        print("John's score: \(johnScore), 恭喜您通過")
04    }
05    print("Over")
```

輸出結果

```
John's score: 88, 恭喜您通過
Over
```

若 johnScore 的分數小於 60 時，將只印出 Over。您可以試試看。還有一點要特別注意的是，不像 C 程式語言的條件式中，可以將某個數值指定給某一變數，然後判斷它是否不為 0，若是，則為真。但在 Swift 語言這是被禁止的。如要判斷 num 是否等於 num2，程式如下所示：

範例程式

```
01    let num = 100
02    var num2 = 10
03    if num2 = num  {
04        print("num 等於 num2")
05    } esle {
06        print("num 不等於 num2")
07    }
```

程式中第 3 行是不允許的，因為 Swift 選擇敘述的條件式必須是使用關係運算子(==)，而不是指定運算子(=)。所以必需加以修改為：

範例程式

```
01    let num = 100
02    var num2 = 10
03    if num2 == num   {
04        print("num 等於 num2")
05    } else {
06        print("num 不等於 num2")
07    }
```

輸出結果

```
num 不等於 num2
```

這一點要特別小心。

5.2 if … else 敘述

if…else 敘述，表示若條件運算式為真時，則執行條件為真所對應的敘述，若為假，則執行條件為假所對應的敘述。其格式如下：

```
if 條件運算式 {
    當條件為真時，要執行的敘述
}
else {
    當條件為假時，要執行的敘述
}
```

我們以下一範例程式說明之。

📄 範例程式

```
01   let maryScore = 58
02   if maryScore >= 60 {
03       print("恭喜您，通過")
04   } else {
05       print("抱歉，您被當")
06   }
07   print("Over")
```

📄 輸出結果

```
抱歉，您被當
Over
```

當 maryScore 大於等於 60，則執行印出「**恭喜您，通過**」，否則印出「**抱歉，您被當**」
的訊息。範例程式中的 if…else 敘述，以流程圖表示如下：

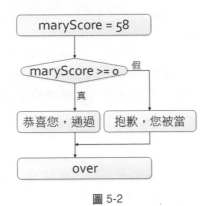

圖 5-2

我們常常會在條件運算式中，應該使用關係運算子(==)，但卻誤用了指定運算子(=)，這在 Swift 是不允許的。以下一範例程式為例，當輸入的值為 1 時，則左轉，否則右轉。

📋 範例程式

```
01  let turnRightOrLeft = 2
02  if turnRightOrLeft == 1 {
03      print("請左轉")
04  } else {
05      print("請右轉")
06  }
```

📋 輸出結果

> 請右轉

注意，在條件運算式中要使用關係運算子，而不是指定運算子 =。若將上述的 if...else 敘述改用指定運算子，如下所示：

```
let turnRightOrLeft = 2
if turnRightOrLeft = 1 {
    print("請左轉")
} else {
    print("請右轉")
}
```

執行此程式時，您將會出現錯誤訊息。因為

```
trunRightOrLeft = 1
```

這有兩個地方錯誤，一為 turnRightOrLeft 是常數名稱，不可以再指定任何值給它，第二，在 if 的條件運算式只能使用關係運算子。

Swift 不像 Objective-C 或 C，將不等於 0 的數值視為真。這是初學者常犯的錯誤，不可不小心。

下一個範例程式是判斷輸入的整數是偶數或是奇數。如何判斷此整數是否為偶數，很簡單，只要它能被 2 整除即是。

📋 範例程式

```
01    let number = 101
02    if number % 2 == 0 {
03        print("\(number) 是偶數")
04    } else {
05        print("\(number) 是奇數")
06    }
```

📋 輸出結果

101 是奇數

我們以下列運算式

```
(num % 2 == 0)
```

判斷 num 是否為偶數。注意要使用關係運算子的等於運算子(==)。

我們也可加入了 for 迴圈敘述，以計算 1 到 100 中有多少個偶數，多少個個奇數。程式如下所示：

📋 範例程式

```
01    var evenCount = 0, oddCount = 0
02    for i in 1...100 {
03        if i % 2 == 0 {
04            evenCount += 1
05        } else {
06            oddCount += 1
```

```
07        }
08    }
09    print("有 \(evenCount) 個偶數，有 \(oddCount) 個奇數")
```

📄 輸出結果

有 50 個偶數，有 50 個奇數

這答案應該和您想的是一樣的。

此範例程式大概可看出其答案。若使用亂數產生器來製造 100 個介於 1 到 1000 的亂數，並加以計算有多少個偶數，多少個個奇數。程式如下所示：

📄 範例程式

```
01    import Foundation
02    var evenCount = 0, oddCount = 0
03    var randNumber: UInt32
04    for i in 1...100 {
05        randNumber = arc4random_uniform(1000) + 1
06        if randNumber % 2 == 0 {
07            evenCount += 1
08        } else {
09            oddCount += 1
10        }
11    }
12    print("有 \(evenCount) 個偶數，有 \(oddCount) 個奇數")
```

📄 輸出結果

有 45 個偶數，有 55 個奇數

此程式利用 arc4random_uniform(1000) 亂數產生器函式製造 0 到 999 的亂數，之後加 1，表示產生 1 到 1000 的亂數。不要忘了要將 Foundation 載入進來。由於是亂數所以您每次執行的結果會不一樣。

程式中第 5 行也可利用

```
randNumber = Int(arc4random() % 1000) + 1
```

但 randNumber 的資料型態則需改為 Int。

上一程式的輸出結果只有偶數和奇數的個數，但真正的亂數沒有印出來，若想要看看程式是否計算正確，我們可以將產生的亂數一併輸出，如以下範例程式所示：

範例程式

```
01   import Foundation
02   var lineCount = 0, evenCount = 0, oddCount = 0
03   var randNumber: UInt32
04   for i in 1...100 {
05       // 產生1~1000 的亂數
06       randNumber = arc4random_uniform(1000) + 1
07       print(String(format: "%4d", randNumber), terminator: "")
08
09       // 每一行印十個亂數
10       lineCount += 1
11       if lineCount == 10 {
12           lineCount = 0
13           print("")
14       }
15
16       // 判斷偶數或奇數
17       if randNumber % 2 == 0 {
18           evenCount += 1
19       } else {
20           oddCount += 1
21       }
22   }
23   print("100 個亂數中有 \(evenCount) 個偶數，\(oddCount) 個奇數")
```

輸出結果

```
  95 352 119 495 142 788 726 255 432 805
 305 262 881 758 791 578 864 356 297 851
 438 265  46 644 501 227 974 629 789 949
 366 886 994 200   9 409 135 115 845 896
 387 129 560 449 661 657 457 947 911 811
 312 437  84 219 549 403 493 153 882 190
 113 197 558 596 274 442 431 786 136 987
 381 743 379 360 556 638 688 112 228 800
 792 459 843 212 871 888 215  95 878  84
 218 250 556 969 285 630 726 408 203 986
100 個亂數中有 49 個偶數，51 個奇數
```

此程式第 10-14 行控制每一列印出十個亂數，其中 lineCount 用來判斷目前每一列印出了多少個亂數。 當一列已印出十個亂數後，將 lineCount 設為 0，並加以跳行。

在 Swift 4 Uint32 和 Int 是一家親了，所以可以將 arc4random()或 arc4random_uniform()所產生的 UInt32 型態的值，與 Int 的值直接相比較，不用再轉型了。如下範例程式所示：

📑 範例程式

```
01    import Foundation
02    var randomNumber:UInt32
03    randomNumber = arc4random_uniform(100)
04    var num = 50
05    if randomNumber > num {
06        print("\(randomNumber) 大於 \(num)")
07    }
```

📑 輸出結果

```
63 大於 50
```

產生的亂數為 98，此值是 UInt32 的型態，現在可以直接與 Int 型態的變數 num 值 50 相比，不必再轉型了。

5.3 else … if 敘述

上述請左轉或請右轉的範例，好像少了一個請直走的訊息。此時就有多個條件要加以判斷，我們可以使用 else…if 敘述來完成此項任務。我們以下一範例程式說明之。

📑 範例程式

```
01    let turnRightOrLeft = 3
02    if turnRightOrLeft == 1 {
03        print("請左轉")
04    } else if turnRightOrLeft == 2 {
05        print("請右轉")
06    } else {
```

```
07      print("請直走")
08   }
```

輸出結果

請直走

這類似的問題很多，如小時候常常玩的剪刀、石頭和布。請參閱下一範例程式；

範例程式

```
01   let gesture = 5
02   print("您出的手勢是： ", terminator: "")
03   if gesture == 2 {
04       print("剪刀")
05   } else if gesture == 0 {
06       print("石頭")
07   } else if gesture == 5 {
08       print("布")
09   } else {
10       print("不正確的手勢")
11   }
12   print("Over")
```

輸出結果

您出的手勢是：布
over

此範例程式對應的流程圖如下所示：

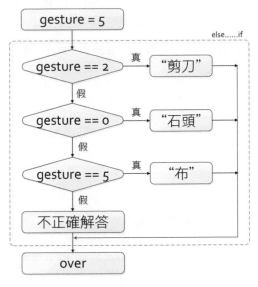

圖 5-3

若要使條件更嚴格，可利用邏輯運算子的 **&&** (且)，表示所有的條件都要為真，結果才為真。反之，若要使條件較為寬鬆，則可使用邏輯運算子的 **||** (或)，表示只要有一條件為真，其結果就為真。以下一範例程式判斷您輸入的年份是閏年或是平年。

範例程式

```
01  // leap year or not
02  let year = 2016
03  if (year % 400 == 0) || ((year % 4 == 0) && year % 100 != 0) {
04      print("\(year) 是閏年")
05  } else {
06      print("\(year) 是平年")
07  }
```

輸出結果

2016 是平年

若輸入的年份可被 400 整除，則是閏年，若無法滿足此條件，則再判斷是否能被 4 整除，而且不能被 100 整除，若是，則也是閏年，否則您輸入的年份是平年。我們特地將後面的兩個條件加上括號。將上述以條件運算式表示如下：

```
(year % 400 == 0) || ((year % 4 == 0) && (year % 100 != 0))
```

注意，若滿足第一個運算式(year % 400 == 0)，後面的運算式就可以省略，因為後面是以邏輯運算子 || 串起來的條件運算式。

也可以由使用者來輸入年份，再判斷此年份是否為閏年或平年。如下一範例程式所示：

```
01  import Foundation
02  print("請輸入一西元的年份：", terminator: "")
03  let stdin = FileHandle.standardInput
04  let input = NSString(data: stdin.availableData,
05                  encoding: String.Encoding.utf8.rawValue)!
06
07  var year = input.integerValue
08  if year % 400 == 0 || year % 4 == 0 && year % 100 != 0 {
09      print("\(year) 是閏年")
10  } else {
11      print("\(year) 是平年")
12  }
```

📑 輸出結果

```
請輸入一西元的年份：2016
2016 是平年
```

程式中第 3 行將 FileHandle 類別的 standardInput 指定給 stdin 常數，接著呼叫第 4 行 NSString 函式，並給予 data 和 encoding 參數值，請參閱上述範例程式。

5.4 switch 敘述

由於 else…if 在視覺上看起來較冗長，所以常會以 switch…case 敘述取代之。switch…case 敘述的語法如下：

```
switch 運算式 {
    case 常數: 敘述

        …

    default: 敘述
}
```

其中 switch、case、default 皆為保留字。case 後面的常數只能為整數常數或是字元常數，並加上一冒號 (:)。在 Objective-C 或 C 中，每一個 case 敘述的後面都有 break 敘述，表示結束 switch 的敘述。但在 Swift 中可以不必加 break，它會自動執行完對應的 case 敘述後，就結束 switch 的區段。但您要加入也無妨，只是多此一舉而已，一般寫法是不會加上去的。

當運算式的值沒有適當的 case 常數對應時，將執行 default 敘述。這在 Swift 語言中是很重要的，因為選擇敘述必須包含所有的情況。我們舉一些範例加以說明。

🗒 範例程式

```
01    let signal: String = "Green"
02    if signal == "Red" {
03        print("現在是紅燈，不可以通行")
04    } else if signal == "Green" {
05        print("現在是綠燈，可以通行")
06    } else if signal == "Yellow" {
07        print("現在是黃燈，請等一等")
08    } else {
09        print("紅綠燈壞了")
10    }
```

🗒 輸出結果

現在是綠燈，可以通行

以上程式是以 else…if 撰寫的，我們將它轉為 switch…case。如下所示：

```
//switch statement
let signal: String = "Green"
switch signal {
    case "Red":
```

```
            print("現在是紅燈，不可以通行")
        case "Green":
            print("現在是綠燈，可以通行")
        case "Yellow":
            print("現在是黃燈，請等一等")
        default:
            print("紅綠燈壞了")
    }
```

輸出結果同上。若在每一個 case 後面的敘述都加上 break 敘述也是可以的，但對 Swift 來說這是多餘的，因為在執行完其所對應的 case 敘述後，會自動結束 switch 區段。

接著將剪刀、石頭、布的範例程式，改以 switch...case 敘述表示，其程式如下所示：

範例程式

```
01  let gesture = 5
02  print("您出的手勢是： ", terminator: "")
03  switch gesture {
04      case 2:
05          print("剪刀")
06      case 0:
07          print("石頭")
08      case 5:
09          print("布")
10      default:
11          print("不正確手勢")
12  }
13  print("Over")
```

輸出結果

```
您出的手勢是：布
Over
```

注意，若將上述的 default 敘述省略。則會出現

```
switch must be exhaustive, consider adding a default clause
```

的錯誤訊息。

此範例程式對應的流程圖如下：

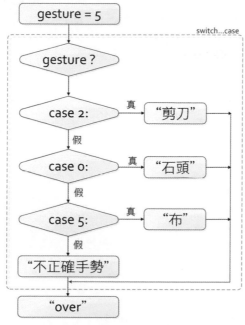

圖 5-4

在 Swift 中，switch...case 中的 case 值可以有多個，如下範例所示：

📑 範例程式

```
01   // switch...case
02   let grade = "A-"
03   switch grade {
04       case "A+", "A", "A-":
05           print("Excellent")
06       case "B+", "B", "B-":
07           print("Good")
08       case "C+", "C", "C-":
09           print("Not good")
10       default:
11           print("Bad")
12   }
```

📑 輸出結果

```
Excellent
```

此程式的 case 後面若有多個值，則需以逗號隔開。這是 Objective 或 C 所沒有的功能。注意，Swift 的字元也是以雙引號括起來的，如同字串一般。另一種格式是可使用區間的值，如下所示：

📑 範例程式

```
01  let yourScore = 89.0
02  var grade: String
03  switch yourScore {
04      case 97...100:
05          grade = "A+"
06      case 93...96.9:
07          grade = "A"
08      case 90...92.9:
09          grade = "A-"
10      case 87...89.9:
11          grade = "B+"
12      case 83...86.9:
13          grade = "B"
14      case 80...82.9:
15          grade = "B-"
16      case 77...79.9:
17          grade = "C+"
18      case 73...76.9:
19          grade = "C"
20      case 70...72.9:
21          grade = "C-"
22      case 67...69.9:
23          grade = "C+"
24      case 63...66.9:
25          grade = "C"
26      case 60...62.9:
27          grade = "C-"
28      default:
29          grade = "D"
30  }
31  print("Your grade is \(grade)")
```

📑 輸出結果

```
Your grade is B+
```

case 後面的區間以 … 表示區間的值。89 分落在 grade 是 B+。

還有一種格式是以重元組 (tuple) 的方式表示之。在未談範例前，我們先談 tuple，如下所示：

```
let k  = ("Hello", 2.2, 3)
print("\(k.0), \(k.1), \(k.2)")
```

上述的 k 是 tuple 的型態，以小括號括起，括號裏面是任何型態的元素。如上表示 k 有三個元素，分別為字串 "Hello"，Double 浮點數 2.2，以及整數 3。若要存取每一元素，則以 k.0、k.1 與 k.2 表示。上述程式的輸出結果為

```
Hello, 2.2, 3
```

了解 tuple 概念以後，現在就可以來看在 case 後面以 tuple 表示的情形，如下所示：

📑 範例程式

```
01   let onePoint = (1, 2)
02   switch onePoint {
03       case (0, 0):
04           print("(0, 0) 是在原點上")
05       case (_, 0):
06           print("\(onePoint.0), 0) 是在 x 軸上")
07       case (0, _):
08           print("0, (\(onePoint.1)) 是在 y 軸上")
09       case (-3...3, -3...3):
10           print("\(onePoint.0), \(onePoint.1)) 是在正方形內")
11       default:
12           print("\(onePoint.0), \(onePoint.1)) 不在正方形內")
13   }
```

📑 輸出結果

```
(1, 2) 是在正方形內
```

case 子句中的底線(_)表示任何值。若覺得上一範例不太方便可以使用值繫結 (value binding)的方式表示，如下所示：

📋 範例程式

```
01    let anotherPoint = (1.1, 2.2)
02    switch anotherPoint {
03        case (0, 0):
04            print("(0, 0) 是在原點上")
05        case (let x, 0):
06            print("在 x 軸上，x 值為 \(x)")
07        case (0, let y):
08            print("在 y 軸上，y 值為 \(y)")
09        case (let x, let y):
10            print("在(\(x), \(y)) 的座標上")
11    }
```

📋 輸出結果

在(1.1, 2.2) 的座標上

Swift 又有一新的功能是在 case 子句中加上 where 關鍵字，可使條件更加嚴謹。

📋 範例程式

```
01    let morePoint = (1.1, -1.1)
02    switch morePoint {
03        case (let x, let y) where x == y:
04            print("(\(x), \(y)) 在 x == y 線上")
05        case (let x, let y) where x == -y:
06            print("(\(x), \(y)) 在 x == -y 線上")
07        case (let x, let y):
08            print("在(\(x), \(y)) 在任意的點上")
09    }
```

📋 輸出結果

(1.1, -1.1) 在 x == -y 線上

上述兩個範例可以將 case 後的 let 往前提，如以下程式所示：

範例程式

```
01  let morePoint = (1.1, -1.1)
02  switch morePoint {
03      case let (x, y) where x == y:
04          print("\(x), \(y)) 在 x == y 線上")
05      case let (x, y) where x == -y:
06          print("\(x), \(y)) 在 x == -y 線上")
07      case let (x, y):
08          print("在(\(x), \(y)) 在任意的點上")
09  }
```

輸出結果同上，你是否覺得這樣子是否可讀性是否比較高。

5.5 條件運算子

條件運算子(conditional operator)是由 ? 和 : 這兩個符號所組成的，其又稱為三元運算子(ternary operator)，因為此運算子作用於三個運算元。請參閱下一範例程式。

範例程式

```
01  let number: Int16 = -101
02  var absoluteNum: Int16
03  if number <= 0 {
04      absoluteNum = -number
05  } else {
06      absoluteNum = number
07  }
08  print("\(number) 的絕對值為  \(absoluteNum)")
```

輸出結果

```
-101 的絕對值為 101
```

程式中設定 number 和 absoluteNum 的資料型態皆為 Int16（第 1-2 行）。此程式在求某數的絕對值。若 number 小於 0，表示此數為負數，則將 -number 指定給 absoluteNum（第 4 行）。若 number 大於等於 0，表示此數為正數，則將 number 指定給 absoluteNum（第 6 行）。其實上述的 if 敘述可以條件運算子，即三元運算子來表示，如下程式所示：

範例程式

```
01    // ternary operator
02    let number: Int16 = -101
03    var absoluteNum: Int16
04    absoluteNum = number <= 0 ? -number : number
05    print("\(number) 的絕對值為 \(absoluteNum)")
```

輸出結果

```
-101 的絕對值為 101
```

順便一提的是，條件運算子的運算優先順序，位於邏輯運算子與指定運算子之間，而其結合性是由右至左執行的。

5.6 break、continue 及 fallthrough 敘述

Swift 的控制轉移敘述計有 break、continue 及 fallthrough。break 敘述除了用在 switch 外，也可用於迴圈敘述。在迴圈中，若遇到 break，則表示中止此迴圈；若遇到 continue，則不執行 continue 以下的敘述，而是回到迴圈的下一個有效敘述。請參閱下一範例程式。

此程式將 data 陣列的十個元素值，計算其偶數和，此時可以在 for-in 迴圈中利用 continue 完成。如下所示：

範例程式

```
01    // continue 1
02    var data = [10, 20, 30, 40, 50, 61, 70]
03    var total = 0
04    for i in data {
05        if i%2 == 0 {
06            total += i
```

```
07        } else {
08            continue
09        }
10    }
11    print("toatl = \(total)")
```

📇 輸出結果

```
toatl = 220
```

程式中的敘述

```
var data = [10, 20, 30, 40, 50, 61, 70]
```

表示是一含有十個元素的陣列。當遇到 61 時，將會跳過，而不是結束，所以會再存取下一個資料 70，由於它是偶數，所以會加入於總和中。

若將上一範例程式的 continue 改以 break，則表示當遇到奇數將會結束 for-in 迴圈。程式如下所示：

📋 範例程式

```
01    // break
02    var data = [10, 20, 30, 40, 50, 61, 70]
03    var total = 0
04    for i in data {
05        if i%2 == 0 {
06            total += i
07        } else {
08            break
09        }
10    }
11    print("total = \(total)")
```

📇 輸出結果

```
total = 150
```

當遇到陣列的 61 元素值時，程式將會結束。在陣列中使用 for-in 迴圈，也可以使用另一種結束條件，程式如下所示：

📑 範例程式

```
01 | // continue 2
02 | var data = [10, 20, 30, 40, 50, 61, 70]
03 | var total = 0
04 | for i in 0..<data.count {
05 |     if data[i] % 2 == 0 {
06 |         total += data[i]
07 |     } else {
08 |         continue
09 |     }
10 | }
11 | print("toatl = \(total)")
```

🔍 輸出結果

```
toatl = 220
```

與上一個 continue 敘述的輸出結果是相同的。此處以 data[i]，代表 i 索引的陣列值。其中 count 函式用於計算陣列的個數。其餘的運作方式皆相同。若將此範例的 continue 改為 break 其結果為何，就當做自我練習題。

接下來我們來討論 fallthrough 敘述。它表示強制往下一個 case 執行。請看以下的範例程式：

📑 範例程式

```
01 | // fallthrough
02 | let kk = 1
03 | switch kk {
04 |   case 1: print("kk = 1")
05 |       fallthrough
06 |   case 2: print("kk = 2")
07 |   case 3: print("kk = 3")
08 |       fallthrough
09 |   default: print("Nothing")
10 | }
```

🔍 輸出結果

```
kk = 1
kk = 2
```

當 kk=1 時，將從 case 等於 1 之處執行，之後碰到 fallthrough（第 5 行），所以繼續往下執行。當執行完 case 2 後 switch…case 敘述就結束了。

除了上述三種敘述外，還有一個是標籤敘述(labeled statement)，如下所示：

📋 範例程式

```
01   // label statement
02   var j: Int
03   forloop: for i in 1...10 {
04       j=1
05       while j<100 {
06         if i*j > 505 {
07             print("\(i)*\(j)=\(i*j)")
08             break forloop
09         }
10         j += 1
11       }
12       print("i=\(i), j=\(j)")
13   }
14   print("Over")
```

🔍 輸出結果

```
i=1, j=100
i=2, j=100
i=3, j=100
i=4, j=100
i=5, j=100
6*85=510
Over
```

其中 forloop 是標籤敘述。當 i*j > 505 時，將會執行

```
  break forloop
```

敘述，也就是結束外迴圈的 for 敘述。這是其最大的用意，因為 break 是結束其對應的 for 迴圈敘述的，當你要結束最外一層迴圈時，則需使用此敘述。

自我練習題

1. 請以 for-in 撰寫 1 加到 100 的偶數和與奇數和。

2. 試問下列程式的輸出結果：

   (a)

   ```
   // continue
   var total = 0
   for i in 1...100 {
       if i % 2 == 0 {
           total += i
       } else {
           continue
       }
   }
   print("total = \(total)")
   ```

   (b)

   ```
   // break
   var total = 0
   for i in 1...100 {
       if i % 2 == 0 {
           total += i
       } else {
           break
       }
   }
   print("total = \(total)")
   ```

   (c)

   ```
   // continue
   var data = [11, 20, 31, 41, 51, 61, 70]
   var total = 0
   for i in data {
       if i%2 == 1 {
           total += i
       } else {
           continue
       }
   }
   print("toatl = \(total)")
   ```

(d)

```
// fallthrough
let kk = 3
switch kk {
  case 1: print("kk = 1")
      fallthrough
  case 2: print("kk = 2")
  case 3: print("kk = 3")
      fallthrough
  default: print("Nothing")
}
```

(e)

```
// fallthrough
let kk = 2
switch kk {
  case 1: print("kk = 1")
  case 2: print("kk = 2")
      fallthrough
  case 3: print("kk = 3")
      fallthrough
  default: print("Nothing")
}
```

(f)

```
// break2
var data = [10, 20, 30, 40, 50, 61, 70]
var total = 0
for i in 0..<data.count {
    if data[i] % 2 == 0 {
        total += data[i]
    } else {
        break
    }
}
print("total = \(total)")
```

3. 若將 5.3 節的剪刀、石頭、布之範例程式，改為以下的程式，試問其輸出結果是否一樣？有何不同之處？並畫出其對應的流程圖。

```
let gesture = 5
print("您出的手勢是：", terminator: "")
if gesture == 2 {
    print("剪刀")
}
if gesture == 0 {
    print("石頭")
}
if gesture == 5 {
    print("布")
}
else {
    print("不正確的手勢")
}
```

4. 有三位候選人(1)小蔡、(2)小王、(3)小史拼大聯盟塞陽獎，請大家投票給適當的人選，假設共有 10 人可投票，每人只能投一次。請在每人投完票後，印出每位候選人目前的得票數。(提示：可利用陣列存放十個人欲選的號碼)

5. 將第 4 題加以擴充，最後印出哪位候選人當選。請不要設計有同票數的候選人。

6. 請利用 while、repeat…while 以及 for-in 迴圈計算 1 到 1000 之間 5 的倍數總和。

7. 撰寫一程式印出 1 到 200 的所有質數，每一行印出十個質數。

8. 以下程式皆有少許的 bugs，請你幫忙 debug，順便測試你對選擇敘述的了解程式。

(a)

```
let turnRightOrLeft = 3
if turnRightOrLeft = 1 {
    print("請左轉")
} else if turnRightOrLeft = 2 {
    print("請右轉")
} else {
    print("請直走")
}
```

(b)

```
var num = -100
if num < 0
    num = -num
print("num 的絕對值為 \(num)")
```

(c)

```
// ternary operator
let number: Int16 = -101
var absoluteNum: Int16
absoluteNum = number >= 0 : -number ? number
print("\(number) 的絕對值為 \(absoluteNum)")
```

(d)

```
let num = 100
var num2 = 100
if num2 = num  {
    print("num 等於 num2")
} else {
    print("num 不等於 num2")
}
```

6 CHAPTER

聚集型態

Swift 提供陣列 (array) 與詞典 (dictionary)，這些我們將它稱之為聚集型態 (collection type)。以下將討論陣列的基本概念及其提供的 API、詞典的含義，以及聚集型態的指定與複製行為。

6.1 陣列的表示法

在第 2 章與第 5 章我們有稍微提到陣列，本章將詳細的討論。

宣告一陣列變數 av 的語法如下：

```
var av = [value1, value2, value3, …]
```

或

```
var av: [type] = [value1, value2, value3, …]
```

或

```
var av: Array<type> = [value1, value2, value3, …]
```

以下是宣告一 fruits 陣列，其表示法如下所示：

```
var fruits = ["Apple", "Orange", "Banana"]
```

或

```
var fruits: [String] = ["Apple", "Orange", "Banana"]
```

或

```
var fruits: Array<String> = ["Apple", "Orange", "Banana"]
```

第一個是以推論型論判斷 fruits 是字串的陣列。而第二個則明確的寫出其型態為 String。第三個將以 Array 帶頭，表示它是一陣列，接著是角括號，裏面放的是 String，表示此陣列是由字串所組成的。陣列中的元素值是以中括號括起來，裏面就是陣列的元素值，如 "Apple", "Orange", "Banana" 為 fruits 陣列的元素值，共有三個。

我們從一個簡單的範例談起。

範例程式

```
01   // collection type
02   // array
03
04   var arr = [0, 1, 2, 3, 4]
05   for i in arr {
06       print("\(i) ", terminator: "")
07   }
08
09   print("\n\(arr.count)")
10
11   var fruits = ["Apple", "Orange", "Banana"]
12   for food in fruits {
13       print(food)
14   }
```

輸出結果

```
0 1 2 3 4
5
Apple
Orange
Banana
```

將 fruits 陣列的元素一一印出。也可以在輸出元素之前加上序號，請將上一範例的第 12-14 行加以修改即可，如以下範例程式所示：

範例程式

```
15   for (index, food) in fruits.enumerated() {
16       print("Item \(index+1): \(food)")
17   }
```

在 for 迴圈的 in 後面加上 fruits.enumerated() 即可（第 15 行）。此時會將 fruits 陣列內的元素置於 food，並加上序號。其中小括號不可以省略喔！輸出結果如下所示：

輸出結果

```
Item 1: Apple
Item 2: Orange
Item 3: Banana
```

Swift 4 新增了陣列的區間表示法，方便使用者可以很快存取想要的資料。如以下範例所示：

範例程式

```
01  var fruits = ["Apple", "Orange", "Banana"]
02  print(fruits[1...])
03  print(fruits[...2])
04  print(fruits[..<2])
05  print(fruits[...])
06  print(fruits[...])
```

輸出結果

```
["Orange", "Banana"]
["Apple", "Orange", "Banana"]
["Apple", "Orange"]
["Apple", "Orange", "Banana"]
```

程式中的 fruits[1...] 表示擷取從索引 1 到陣列的最後一筆資料，所以輸出結果為["Orange", "Banana"]; fruits[...2] 表示擷取索引 0 到索引 2 的資料，輸出結果為 ["Apple", "Orange", "Banana"]; fruits[..<2] 表示擷取索引 0 到索引 1 的資料，輸出結果為 ["Apple", "Orange"]; fruits[...] 表示擷取索引 0 到索引 2 的資料，輸出結果為 ["Apple", "Orange", "Banana"]。

我們也可以利用區間的表示式將上上一個範例程式改為

```
var fruits = ["Apple", "Orange", "Banana"]
for (index, value) in zip(1..., fruits) {
    print("Item \(index): \(value)")
}
```

此程式的輸出結果同上上一程式的輸出結果。此時就不需要將 index 加 1，而是由區間運算子來控制。

6.1.1 陣列的運作與一些常用的 API

用於陣列的應用程式介面 (Application Program Interface, API) 有許多，如 count、isEmpty、append、insert、remove(at:)、removeLast、(repeating: count:) 以及 sorted。以下我們將一一舉範例說明，而且這些範例彼此之間可能會有所關連。

首先建立一陣列，然後利用 count 函式計算其陣列的個數，如以下敘述：

1. count 函式

📋 範例程式

```
01   // count
02   var arr = [0, 1, 2, 3, 4]
03   print("\(arr.count)")
04
05   for i in arr {
06       print("\(i) ", terminator: "")
07   }
```

📋 輸出結果

```
5
0 1 2 3 4
```

存取陣列中的某一元素可使用陣列名稱加上中括號及索引，如 arr[0] 表示 arr 陣列的第一個元素值 0，arr[1] 表示 arr 陣列的第二個元素值 1，依此類推。注意，Swift 與其它程式語言一樣，陣列的索引是從 0 開始。所以印出陣列的每一元素也可以使用下列敘述表示：

```
for i in 0..<arr.count {
    print("\(arr[i]) ", terminator: "")
}
```

2. isEmpty 函式

判斷陣列是否有元素或是空的，可使用 isEmpty 函式，如下所示：

📑 範例程式

```
08    if arr.isEmpty {
09        print("\n 陣列沒有元素")
10    } else {
11        print("\n 陣列有元素")
12    }
```

📑 輸出結果

```
陣列有元素
```

3. append 函式

若要將某一元素附加於陣列的後面，可使用 append 函式，如下所示：

📑 範例程式

```
13    arr.append(5)
14    for i in arr {
15        print("\(i) ", terminator: "")
16    }
17    print("")
```

📑 輸出結果

```
0 1 2 3 4 5
```

append 函式也可以使用 += 運算子完成。

```
  arr += [5]
```

4. insert(x, at:)函式

若要將某一元素 x，加入於陣列中的某一特定索引，可使用 insert(x, at:)
函式。

📑 範例程式

```
18    arr.insert(6, at: 1)
19    for i in arr {
20        print("\(i) ", terminator: "")
21    }
22    print("")
```

輸出結果

```
0 6 1 2 3 4 5
```

此範例將 6 加在索引 1 的位置，所以後面的元素將會往後移。若是將第 18 行改為 arr.insert(6, at: 6) 將會與 append(x)的函式功能相同，因為目前陣列最後一個元素的索引是 5。

5. remove(at:) 函式

若要從陣列中的某一特定索引的元素刪除，可使用 remove(at:)函式。

範例程式

```
23    arr.remove(at: 0)
24    for i in arr {
25        print("\(i) ", terminator: "")
26    }
27    print("")
```

第 23 行表示將索引 0 的元素加以刪除。

輸出結果

```
6 1 2 3 4 5
```

6. removeLast 函式

若要將陣列中最後一個元素刪除，可使用 removeLast() 函式。

範例程式

```
28    arr.removeLast()
29    for i in arr {
30        print("\(i) ", terminator: "")
31    }
32    print("")
```

輸出結果

```
6 1 2 3 4
```

若要改變陣列中某些元素值時，可利用以下的敘述完成：

📋 範例程式

```
33   arr[2...4] = [66, 77, 88]
34   for i in arr {
35       print("\(i) ", terminator: "")
36   }
37   print("")
```

🔍 輸出結果

```
6 1 66 77 88
```

上述表示將 66、77 與 88 指定給陣列的第三個元素到第五個元素。看完上面的範例後，總覺得不太過隱，讓我們繼續看下去。

若要建立一空的陣列，則如以下敘述所示：

📋 範例程式

```
01   var arrInts = [Int]()
02   print("陣列中有 \(arrInts.count) 個")
```

🔍 輸出結果

```
陣列中有 0 個
```

再以 append 函式加入一元素 100。

📋 範例程式

```
03   arrInts.append(100)
04   print("陣列中有 \(arrInts.count) 個")
05
06   for i in arrInts {
07       print(i)
08   }
```

📇 輸出結果

> 陣列中有 1 個
> 100

也可以將 [] 指定給陣列變數，此時陣列將是空的。如以下敘述：

📇 範例程式

```
09    arrInts = []
10    print("陣列中有 \(arrInts.count) 個")
```

📇 輸出結果

> 陣列中有 0 個

7. (repeating:, count:) 函式

我們可以利用(repeating:, count:)加入多個相同的值於陣列中。

📇 範例程式

```
01    var oneIntArray = [Int](repeating: 1, count: 5)
02    for i in oneIntArray {
03        print("\(i) ", terminator: "")
04    }
05    print("")
```

📇 輸出結果

> 1 1 1 1 1

此程式第 1 行以 [Int](repeating: 1, count: 5) 產生五個數值 1。也可以另一個方式完成上述的功能，如以下的範例程式第 1 行以 Array(repeating: 2, count: 5)。

📇 範例程式

```
06    var anotherIntArray = Array(repeating: 2, count: 5)
07    for i in anotherIntArray {
08        print("\(i) ", terminator: "")
09    }
10    print("")
```

輸出結果

```
2 2 2 2 2
```

Swift 提供 + 運算子將兩個陣列合併，如以下範例程式第 11 行敘述：

範例程式

```
11    var moreIntArray = oneIntArray + anotherIntArray
12    for i in moreIntArray {
13        print("\(i) ", terminator: "")
14    }
15    print("")
```

輸出結果

```
1 1 1 1 2 2 2 2 2
```

8. sorted 函式

最後你可以使用 sorted 函式將陣列元素由小至大排序。

範例程式

```
01    let arrays = [100, 23, 44]
02    let newArray = arrays.sorted()
03    for data in newArray {
04        print("\(data) ", terminator: "")
05    }
06    print("")
```

輸出結果

```
23 44 100
```

值得一提的是，此處的 arrays.sorted() 函式將 arrays 陣列元素由小至大排序，也是系統的預設排序方式，因此也可以撰寫為 arrays.sorted(by: <)，若要由大至小排序，則需改為 arrays.sorted(by: >)，如以下範例程式第 2 行所示：

📥 範例程式

```
01    let arrays = [100, 23, 44]
02    let newArray = arrays.sorted(by: >)
03    for data in newArray {
04        print("\(data) ", terminator: "")
05    }
06    print("")
```

🔍 輸出結果

```
100 44 23
```

9. SwapAt() 函式

Swift 4 新增 Swap() 函式，用以交換陣列中的內容。如下範例所示：

📥 範例程式

```
01    var fruits = ["Apple", "Orange", "Banana"]
02    fruits.swapAt(1, 2)
```

🔍 輸出結果

```
["Apple", "Banana", "Orange"]
```

程式中的 SwapAt(1, 2) 表示將陣列索引 1 和索引 2 的資料加以交換。請參考輸出結果。

6.1.2 二維陣列

二維陣列的宣告，我們以範例程式來解釋一下，如下所示：

📥 範例程式

```
01    // 二維陣列的表示法
02    import Foundation
03    var array2D: [[Double]] = [[1.9, 3.7], [6.3, 8.6]]
04    for i in 0..<2 {
05        for j in 0..<2 {
```

```
06        print(String(format: "%-6.2f", array2D[i][j]), terminator: "")
07      }
08    }
09    print("")
```

📱 輸出結果

```
1.90   3.70   6.30   8.60
```

第 3 行宣告 array2D 是 Double 的二維陣列變數，從 [[Double]] 可得知，並且也設定其初值，得知此陣列是二列和二行。

此處的輸出結果不易看出它是二維陣列，我們可以再加以修正，以二維陣列的方式輸出。如下一範例所示：

📱 範例程式

```
01    // 二維陣列的表示法
02    import Foundation
03    var array2D: [[Double]] = [[1.9, 3.7], [6.3, 8.6]]
04    for i in 0..<2 {
05      for j in 0..<2 {
06        print(String(format: "%6.2f", array2D[i][j]), terminator: "")
07      }
08      print("")
09    }
10    print("")
```

📱 輸出結果

```
 1.90   3.70
 6.30   8.60
```

程式第 8 行的 print 函式加入跳行的功能。其中第 6 行的%6.2f表示共 6 個欄位寬，小數點後有 2 位，並且向右靠齊。

矩陣(matrix)常以二維的陣列表示之，然後執行兩矩陣的相加或相乘。以下一範例程式來解釋。

範例程式

```
01   import Foundation
02   var oneArray2D: [[Double]] = [[1.9, 3.7], [6.3, 8.6]]
03   var anotherArray2D: [[Double]] = [[1.1, 2.2], [3.3, 6.6]]
04   var thirdArray2D: [[Double]] = [[0, 0], [0, 0]]
05
06   for i in 0..<2 {
07     for j in 0..<2 {
08       thirdArray2D[i][j] = oneArray2D[i][j] + anotherArray2D[i][j]
09     }
10   }
11
12   for i in 0..<2 {
13     for j in 0..<2 {
14       print(String(format: "%8.2f", thirdArray2D[i][j]), terminator: "")
15     }
16     print("")
17   }
```

輸出結果

```
   3.00    5.90
   9.60   15.20
```

其實二維陣列可視為多個一維陣列的集合。例如有一個二列三行的二維陣列，如下所示：

```
1  2  3
4  5  6
```

它可視為一個含有六個元素的一維陣列，如下所示：

```
var elements1 = [1, 2, 3, 4, 5, 6]
```

而另一個也是二列三行的二維陣列

```
2  2  2
2  2  2
```

同理也可視為一個含有六個元素的陣列，如下所示：

```
var elements2 = [2, 2, 2, 2, 2, 2]
```

若將這兩個陣列相加，我們以下列的範例程式表示之：

範例程式

```
01  // 二維陣列的表示法
02  import Foundation
03  var elements1 = [1, 2, 3, 4, 5, 6]
04  var elements2 = [2, 2, 2, 2, 2, 2]
05  var elements3 = [0, 0, 0, 0, 0, 0]
06
07  for i in 0...5 {
08      elements3[i] = elements1[i] + elements2[i]
09      if (i % 3 == 0) {
10          print(String(format: "\n%3d ", elements3[i]), terminator: "")
11      }
12      else {
13          print(String(format: "%3d ", elements3[i]), terminator: "")
14      }
15  }
16  print("")
```

程式中將兩個二維陣列 elements1 與 elements2 相加後，存放於另一個二維陣列 elements3，其最後的輸出結果如下：

輸出結果

```
  3   4   5
  6   7   8
```

程式還利用選擇敘述判斷它是否為 3 的倍數，若是則跳行。

6.2 詞典的表示法

宣告一詞典變數 dv 的語法如下：

```
var dv = [key1: value1, key2: value2, key3: value3, … ]
```

或

```
var dv: Dictionary<keytype, valuetype> =
                [key1: value1, key2: value2, key3: value3, ...]
```

或

```
var dv: [keytype: valuetype] =
            [key1: value1, key2: value2, key3: value3, ...]
```

第一個是以推論的方式表示，第二個則是明確的表明其為一詞典，並表明其型態，第三個則是將 Dictionary 省略，並以中括號括起來，裏面是其資料型態，型態之間是以冒號隔開。

我們以一範例說明之：

範例程式

```
01    // dictionary
02    var scores = ["John": 96, "Peter": 87, "Nancy": 92]
03    print("在詞典中有 \(scores.count) 個元素")
04
05    for(name, score) in scores {
06        print("\(name): \(score)")
07    }
```

輸出結果

```
在詞典中有 3 個元素
John: 96
Peter: 87
Nancy: 92
```

程式中宣告詞典的 scores 變數

```
var scores = ["John": 96, "Peter": 87, "Nancy": 92]
```

是以推論型論表示，我們也可以明確的型態表示，如下所示：

```
var scores: [String: Int] = ["John": 96, "Peter": 87, "Nancy": 92]
```

當然也可以較清楚的方式表示之，如下所示：

```
var scores: Dictionary<String, Int> = ["John": 96, "Peter": 87, "Nancy": 92]
```

至於要使用那一種就由你決定囉。程式中同樣的也是使用 count 函式來計算詞典內元素的個數。最後利用 for 迴圈印出詞典內的所有元素。如下所示：

```
for (name, score) in scores {
    print("\(name): \(score)")
}
```

其中 (name, score) 分別將姓名與其對應的分數輸出。

6.2.1　詞典的運作與一些常用的 API

我們再來另一個範例程式,從中說明詞典還提供那些可用的 API,以下片段
程式是相互關聯的,也就是說後面的程式將會用到前面的程式,如下所示:

📲 範例程式

```
01    var countries = Dictionary<String, String>()
02    countries["France"] = "Eiffel Tower"
03    countries["Taiwan"] = "Taipei 101"
04    countries["Germany"] = "Berlin"
05    for(country, landmark) in countries {
06        print("\(country): \(landmark)")
07    }
```

程式利用第一個敘述建立一空的詞典變數 countries ,接著建立三個國家的
地標 (landmark) 並加以印出。

📑 輸出結果

```
France: Eiffel Tower
Germany: Berlin
Taiwan: Taipei 101
```

1. updateValue(forKey:)函式

updateValue(forkey:) 函式鍵值修改地標值。如下所示:

```
08    if let oldValue = countries.updateValue("Berlin Wall", forKey: "Germany") {
09        print("The old value for Germany was \(oldValue)")
10    }
```

此方法除了將舊值改為新值外,也會回傳舊值,我們將舊值存放於
oldValue,然後印出,輸出結果如下:

```
The old value for Germany was Berlin
```

也可以再利用上述程式的 for 迴圈（第 5-7 行）將每一國家的地標加以輸
出,得知 Germany 的地標也改變了,如下所示:

```
France: Eiffel Tower
Germany: Berlin Wall
Taiwan: Taipei 101
```

您也可以判斷某一國家的地標是否存在，如下所示：

```
11  if let landmarkName = countries["USA"] {
12      print("The Landmark of USA is \(landmarkName)")
13  } else {
14      print("That Landmark is not in the landmark dictionary")
15  }
```

由於目前 USA 還沒有建立地標，所以輸出結果如下：

```
That landmark is not in the landmark dictionary
```

隨後，我們將 USA 的地標建立起來，並將 nil 指定給 Germany，表示將 Germany 的地標清空，即刪除此項元素，如下所示：

```
16  countries["USA"] = "Statue of Liberty"
17  countries["Germany"] = nil
18  for(country, landmark) in countries {
19      print("\(country): \(landmark)")
20  }
```

此時的地標剩下三個，輸出結果如下：

```
Taiwan: Taipei 101
France: Eiffel Tower
USA: Statue of Liberty
```

2. removeValue(forKey:) 函式

刪除詞典中的元素項目，除了以 nil 指定給某一鍵值外，也可以使用 removeValue(forKey:) 函式，除了刪除的功能外，也會回傳被刪除的值，此時我們可以將它指定給某一常數名稱，如下所示：

```
21  if let removeLandmark = countries.removeValue(forKey: "Taiwan") {
22      print("The remove Landmark name is \(removeLandmark)")
23  } else {
24      print("The dictionary does not contain a value for Taiwan")
25  }
```

其輸出結果如下所示：

```
The remove landmark name is Taipei 101
```

3. [:]

若要清空詞典的所有資料，只要將[:]指定給詞典變數即可，如下所示：

📘 範例程式

```
26   countries = [:]
27   countries["Taiwan"] = "Taipei 101"
28   for(country, landmark) in countries {
29       print("\(country): \(landmark)")
30   }
```

上述程式清空詞典的所有項目後，我們再加入一地標，然後將其輸出，輸出結果如下所示：

```
Taiwan: Taipei 101
```

6.3 聚集型態的指定與複製行為

陣列與詞典等聚集型態的指定與複製行為，其實是以結構的方式加以實作，也就是當您將某一個陣列或詞典指定給另一個時，是以複製的方式實作的，彼此皆有不同的空間。其實字串的指定與複製和聚集型態一樣。在 Objective-C 中的 NSString、NSArray 與 NSDictionary 的指定與複製是以參考的方式實作的，也就是它們之間是共享的。

6.3.1 陣列的指定與複製行為

以下我們將以範例來加以說明。先將陣列給予三個值，分別為 10、20，以及 30。然後將此陣列指定給 j 和 k，之後將此三個陣列的元素印出。程式如下所示：

📘 範例程式

```
01   // array assignment
02   var i = [10, 20, 30]
03   var j = i
04   var k = i
05
06   print("i 陣列: ", terminator: "")
```

```
07    for x in 0..<i.count {
08        print("\(i[x]) ", terminator: "")
09    }
10    print(" ")
11
12    print("j 陣列: ", terminator: "")
13    for x in 0..<j.count {
14        print("\(j[x]) ", terminator: "")
15    }
16    print(" ")
17
18    print("k 陣列: ", terminator: "")
19    for x in 0..<k.count {
20        print("\(k[x]) ", terminator: "")
21    }
22    print(" ")
```

輸出結果

```
i 陣列: 10 20 30
j 陣列: 10 20 30
k 陣列: 10 20 30
```

從結果得知,這三個陣列各佔不同的記憶體空間,示意圖如圖 6-1 所示:

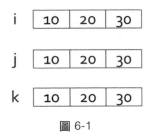

圖 6-1

所以當你修改了某一陣列的某一元素值時,其實只有此陣列的那一個元素改變而已,其它陣列還是一樣的內容。如以下程式所示:

範例程式

```
23    // change i[0] to 66
24    i[0] = 66
```

```
25   print("i 陣列: ", terminator: "")
26   for x in 0..<i.count {
27       print("\(i[x]) ", terminator: "")
28   }
29   print(" ")
30
31   print("j 陣列: ", terminator: "")
32   for x in 0..<j.count {
33       print("\(j[x]) ", terminator: "")
34   }
35   print(" ")
36
37   print("k 陣列: ", terminator: "")
38   for x in 0..<k.count {
39       print("\(k[x]) ", terminator: "")
40   }
41   print(" ")
```

此程式的第 2 行將 i 陣列的第一個元素值改為 66，其輸出結果如下：

📑 輸出結果

```
i 陣列: 66 20 30
j 陣列: 10 20 30
k 陣列: 10 20 30
```

只有 i 陣列的第一個元素值改變而已，其餘陣列元素皆不變。其示意圖如圖 6-1 所示：

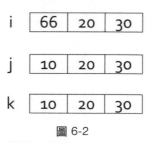

圖 6-2

接下來，將 j 陣列加入一新元素 100，並修改 j 陣列的第三個元素值，以及 k 陣列的第一個元素值，程式如下所示：

📑 範例程式

```
42    // append 100 to j
43    j.append(100)
44
45    //change j[2] and k[0]
46    j[2] = 88
47    k[0] = 77
48
49    print("i 陣列: ", terminator: "")
50    for x in 0..<i.count {
51        print("\(i[x]) ", terminator: "")
52    }
53    print(" ")
54
55    print("j 陣列: ", terminator: "")
56    for x in 0..<j.count {
57        print("\(j[x]) ", terminator: "")
58    }
59    print(" ")
60
61    print("k 陣列: ", terminator: "")
62    for x in 0..<k.count {
63        print("\(k[x]) ", terminator: "")
64    }
```

📑 輸出結果

```
i 陣列: 66 20 30
j 陣列: 10 20 88 100
k 陣列: 77 20 30
```

我們從程式的輸出結果可看出端倪。其示意圖如下所示：

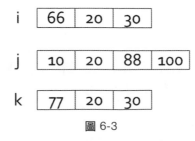

圖 6-3

6.3.2 詞典的指定與複製行為

在詞典的指定與複製行為基本上是差不多，都是屬於拷貝一份空間，然後指定相同的元素給對方。我們以下一範例程式說明之。

📑 範例程式

```
01   //dictionary assignment
02   var scoreIm = ["Nancy": 89, "Jennifer": 98, "John": 78, "Mary": 88]
03
04   var scoreIm2 = scoreIm
```

程式先建立 scoreIm 的詞典變數後，再將其指定給 scoreIm2，此時 scoreIm 與 scoreIm2 各擁有不同的記憶體空間，其示意圖與測試程式如下：

scoreIm

Nancy	89
Jennifer	98
John	78
Mary	88

scoreIm2

Nancy	89
Jennifer	98
John	78
Mary	88

圖 6-4

📑 範例程式

```
01   // dictionary assignment
02   var scoreIm = ["Nancy": 89, "Jennifer": 98, "John": 78, "Mary": 88]
03   var scoreIm2 = scoreIm
04
05   print("在 scoreIm 詞典中: ")
06   for (name, score) in scoreIm {
07       print("\(name): \(score)")
08   }
```

```
09
10    print("\n 在 scoreIm2 詞典中: ")
11    for (name, score) in scoreIm2 {
12        print("\(name): \(score)")
13    }
```

📑 輸出結果

```
在 scoreIm 詞典中:
Mary: 88
John: 78
Nancy: 89
Jennifer: 98

在 scoreIm2 詞典中:
Mary: 88
John: 78
Nancy: 89
Jennifer: 98
```

接著將 scoreIm2 的詞典中 Mary 的鍵值所對應的分數改為 82。如下所示：

```
scoreIm2["Mary"] = 82
```

此時 scoreIm 與 scoreIm2 的示意圖與測試程式如下所示：

scoreIm

Nancy	89
Jennifer	98
John	78
Mary	88

scoreIm2

Nancy	89
Jennifer	98
John	78
Mary	82

圖 6-5

📑 範例程式

```
14    scoreIm2["Mary"] = 82
15    print("\n 改變 scoreIm2 詞典中 Mary 的分數為 82 後")
16    print("在 scoreIm 詞典中: ")
17    for (name, score) in scoreIm {
18        print("\(name): \(score)")
19    }
20
21    print("\n 在 scoreIm2 詞典中: ")
22    for (name, score) in scoreIm2 {
23        print("\(name): \(score)")
24    }
```

📑 輸出結果

```
改變 scoreIm2 詞典中 Mary 的分數為 82 後
在 scoreIm 詞典中:
Mary: 88
John: 78
Nancy: 89
Jennifer: 98

在 scoreIm2 詞典中:
Mary: 82
John: 78
Nancy: 89
Jennifer: 98
```

從結果得知，改變 scoreIm2 中的 Mary 的分數為 82，但是對 scoreIm 詞典的元素都沒有改變。注意，印出鍵值的順序前後沒有多大的關係，系統以鍵值加以換算將其存於對應的位置上。

6.4 將陣列中的元素組合成詞典

我們現在可以將將陣列中的元素組合成詞典，這是 Swift 4 的新增功能。利用 zip 函式與 Dictionary(uniqueKeysWithValues:) 就可以完成此項工作。如以下範例程式所示：

📋 範例程式

```
01   let city = ["台灣", "法國", "英國"]
02   let landmark = ["台北101", "巴黎鐵塔", "倫敦大笨鐘"]
03   let cityLandmark = zip(city, landmark)
04   for data in cityLandmark{
05       print(data)
06   }
07
08   let dic = Dictionary(uniqueKeysWithValues: cityLandmark)
09
10   for (city, landmark) in dic {
11       print("City: \(city), Landmark: \(landmark)")
```

🔍 輸出結果

```
("台灣", "台北101")
("法國", "巴黎鐵塔")
("英國", "倫敦大笨鐘")
City: 法國, Landmark: 巴黎鐵塔
City: 英國, Landmark: 倫敦大笨鐘
City: 台灣, Landmark: 台北101
```

程式先利用

```
let cityLandmark = zip(city, landmark)
```

將 city 和 landmark 組合為 cityLandmark

之後再利用

```
let dic = Dictionary(uniqueKeysWithValues: cityLandmark)
```

組合成詞典。

自我練習題

1. 試問以下程式碼的輸出結果為何？

(a)

```
var i = [66, 77, 88]
var j = i

print("i 陣列: ", terminator: " ")
for x in 0..<i.count {
    print("\(i[x]) ", terminator: " ")
}
print("")

print("j 陣列: ", terminator: " ")
for x in 0..<j.count {
    print("\(j[x]) ", terminator: " ")
}
print("")

// change i[0]
i[0] = 66
print("i 陣列: ", terminator: " ")
for x in 0..<i.count {
    print("\(i[x]) ", terminator: " ")
}
print("")

print("j 陣列: ", terminator: " ")
for x in 0..<j.count {
    print("\(j[x]) ", terminator: " ")
}
print("")

//append 777
j.append(777)
j[2]=99
print("i 陣列: ", terminator: " ")
for x in 0..<i.count {
    print("\(i[x]) ", terminator: " ")
}
print("")
```

```
print("j 陣列: ", terminator: " ")
for x in 0..<j.count {
    print("\(j[x]) ", terminator: " ")
}
print("")
```

(b)

```
var fruits = ["Orange", "Apple", "Banana", "Watermelon"]
var anotherFruits = fruits

print("fruits 陣列中有: ")
for names in fruits {
    print("\(names) ", terminator: " ")
}
print("")

print("anotherFruits 陣列中有: ")
for anotherNames in anotherFruits{
    print("\(anotherNames) ", terminator: " ")
}

fruits[0] = "Guava"
print("\n\n 改變 fruits 陣列的第一個元素為 Guava 後")
print("fruits 陣列中有: ")
for names in fruits {
    print("\(names) ", terminator: " ")
}
print("")

print("anotherfruits 陣列中有: ")
for anotherNames in anotherFruits{
    print("\n\(anotherNames) ", terminator: " ")
}
print("")
```

(c)

```
var arr = [1.1, 2.2, 3.3, 4.4, 5.5]
for i in 0..<arr.count {
    print("\(arr[i]) ", terminator: " ")
```

```
}

print("\(arr.count)")

if arr.isEmpty {
    print("\n 陣列沒有元素")
} else {
    print("\n 陣列有元素")
}

arr.append(5.5)
for i in arr {
    print("\(i) ", terminator: " ")
}
print("")

arr.insert(6.6, at: 6)
for i in arr {
    print("\(i) ", terminator: " ")
}
print("")

arr.remove(at: 0)
for i in arr {
    print("\(i) ", terminator: " ")
}
print("")

arr.removeLast()
for i in arr {
    print("\(i) ", terminator: " ")
}
print("")

arr[2...4] = [66.6, 77.6, 88.6]
for i in arr {
    print("\(i) ", terminator: " ")
}
print("")

var arrInts = [Int]()
print("陣列中有 \(arrInts.count) 個")

arrInts.append(100)
//arrInts += [100]
print("陣列中有 \(arrInts.count) 個")
```

```
for i in arrInts {
    print(i)
}

arrInts = []
print("陣列中有 \(arrInts.count) 個")
var oneIntArray = [Double] (repeating: 1.23, count: 5)
for i in oneIntArray {
    print("\(i) ", terminator: " ")
}
print("")

var anotherIntArray = Array (repeating: 2.34, count: 5)
for i in anotherIntArray {
    print("\(i) ", terminator: " ")
}
print("")

var moreIntArray = oneIntArray + anotherIntArray
for i in moreIntArray {
    print("\(i) ", terminator: " ")
}
print("")
```

(d)

```
// dictionary
var nameScore = ["Jennifer": 92, "Amy": 90, "Linda":98]
var others = nameScore

print("在 nameScore 陣列: ")
for (name, score) in nameScore {
    print("\(name) : \(score)")
}
print("")

print("在 others 陣列: ")
for (name, score) in others {
    print("\(name) : \(score)")
}
print("")
```

(e)

```
var numbers = [1, 2, 3, 4, 5]
print(numbers[1...])
print(numbers[...2])
print(numbers[..<2])
print(numbers[...])
print(numbers[...])
numbers.swapAt(1, 4)
print(numbers)

for (index, value) in zip(1..., numbers) {
    print("Item \(index): \(value)")
}
```

(f)

```
let university = ["輔大", "東海", "交大"]
let landmark2 = ["中美堂", "東海教堂", "竹湖"]
let university_Landmark = zip(university, landmark2)
for data in university_Landmark {
    print(data)
}

let dic2 = Dictionary(uniqueKeysWithValues: university_Landmark)

for (university, landmark) in dic2 {
    print("University: \(university), Landmark: \(landmark)")
}
```

2. 以下的程式皆有些許的 bugs，請你 debug 一下，順便增加你程式設計的能力。

(a)

```
var countries = Dictionary<String: String>()
countries["France"] = "Eiffel Tower"
countries["Taiwan"] = "Taipei 101"
countries["Germany"] = "Berlin"
for (country, landmark) in countries {
    print("\(country): \(landmark)")
}
```

```swift
if let oldValue = countries.updatevalue("Berlin Wall", forKey: "Germany") {
    print("The old value for Germany was \(oldValue)")
}


for (country, landmark) in countries {
    print("\(country): \(landmark)")
}


countries[USA] = "Statue of Liberty"
countries["Germany"] = Nil
for (country, landmark) in countries {
    print("\(country): \(landmark)")
}



if let removeLandmark = countries.removeValueForKey("USA") {
    print("The remove landmark name is \(removeLandmark)")
} else {
    print("The dictionary does not contain a value for USA")
}

// empty dictionary
countries = []
countries["Taiwan"] = "Taipei 101"
for (country, landmark) in countries {
    print("\(country): \(landmark)")
}
```

(b)

```swift
var fruits = ["Apple", "Orange", "Banana"]
for (index, food) in fruits {
    print("Item \(index+1): \(food)")
}


let arrays = [100, 23, 44]
let newArray = arrays.sort
for data in newArray {
    print("\(data) ", terminator: " ")
}
print("")
```

7
CHAPTER

函式

函式 (function) 是執行某一特定任務的片段程式。函式的主要目的是將程式予以模組化，減少重複性，並達到分工合作，以及利於維護。因為軟體開發成本約有四分之三是用於維護成本，所以提高維護性 (maintainability) 是很重要的。

當程式有重複的程式碼，或要將程式加以模組化時，就可使用函式處理之。Swift 的函式較其它程式語言提供更多的功能，如函式可以回傳多個值、提供外部參數名稱以易於閱讀、inout 參數可以修改參數值，以及可將函式型態當做參數型態或是回傳型態。這些主題將在本章加以論述。現從人人所知曉的九九乘法表開始。

7.1 定義與呼叫函式

假設要輸出小時候每人必須背的九九乘法表，如下表所示：

```
**********************************************
    1    2    3    4    5    6    7    8    9
    2    4    6    8   10   12   14   16   18
    3    6    9   12   15   18   21   24   27
    4    8   12   16   20   24   28   32   36
    5   10   15   20   25   30   35   40   45
    6   12   18   24   30   36   42   48   54
    7   14   21   28   35   42   49   56   63
    8   16   24   32   40   48   56   64   72
    9   18   27   36   45   54   63   72   81
**********************************************
```

若未使用函式的觀念來撰寫，其程式如下所示：

📄 範例程式

```
01   // printstar
02   import Foundation
03
04   for _ in 1...50 {
05       print("*", terminator: "")
06   }
07   print("")
08
09   // print multiply
10   for i in 1...9 {
11       for j in 1...9 {
12           print(String(format: " %4d", (i*j)), terminator: "")
13       }
14       print(" ")
15   }
16
17   // printstar
18   for _ in 1...50 {
19       print("*", terminator: "")
20   }
21   print("")
```

範例程式的輸出結果如上所示。從程式得知印出 50 個 * 的片段程式出現了二次，在印出九九乘法表的片段程式中，首先要載入 Foundation，然後利用 print 函式的 String 加以格式化。由於 print 函式預設是有跳行的功能，若不要跳行，則可以加入 terminator: "" 參數。

我們發現範例程式中，有關輸出星星的片段程式寫了兩次，也就是重複撰寫了程式碼，因此可將它加以修改，以 printStar 函式表示之，如以下程式所示。

📄 範例程式

```
01   import Foundation
02
03   func printStar() -> () {
04       for _ in 1...50 {
```

```
05          print("*", terminator: "")
06      }
07      print(" ")
08  }
09
10  printStar()
11
12  for i in 1...9 {
13      for j in 1...9 {
14          print(String(format: " %4d", (i*j)), terminator: "")
15      }
16      print(" ")
17  }
18
19  printStar()
```

函式的定義首先以 func 為其關鍵字，接下來是函式名稱及其參數(可有可無)，最後是函式的回傳值的型態。如第 3-8 行所示：

```
func printStar() -> () {
    for _ in 0...50 {
        print("*", terminator: "")
    }
    print(" ")
}
```

其表示函式 printStar() 無接收參數，因為小括號內是空的。而且無回傳值，相當於 C 或 Objective-C 的 void。此時可將 -> () 予以省略，如下所示：

```
func printStar() {
    for _ in 0...50 {
        print("*", terminator: "")
    }
    print(" ")
}
```

當然也可以將九九乘法表和印出 50 個 * 的功能，分別以 printStar 和 multipleTable 函式表示之，如下一個範例程式所示。程式中 printStar 和 multipleTable 這兩個函式皆無回傳值。

範例程式

```
01   import Foundation
02
03   func printStar() {
04       for _ in 1...50 {
05           print("*", terminator: "")
06       }
07       print(" ")
08   }
09
10   func multiply() {
11       for i in 1...9 {
12           for j in 1...9 {
13               print(String(format: " %4d", (i*j)), terminator: "")
14           }
15           print(" ")
16       }
17   }
18
19   printStar()
20   multiply()
21   printStar()
```

因此當要印出 50 個星星時，只要呼叫第 3 行的 printStar() ，若要印出九九乘法表則只要呼叫第 10 行的 multiply() 即可。您是否有覺得程式較清楚且易於閱讀。

7.1.1　函式的參數

上一範例程式輸出 50 個 *。若要讓使用者決定多少個 * 時，則可以在呼叫函式 printStar 給予參數 (parameter)，以決定 * 的數目，如以下程式所示。

範例程式

```
01   import Foundation
02
03   func printStar(starNumber: Int) {
04       for _ in 1...starNumber {
05           print("*", terminator: "")
```

```
06          }
07          print("")
08      }
09
10      func multiply() {
11          for i in 1...9 {
12              for j in 1...9 {
13                  print(String(format: " %4d", (i*j)), terminator: "")
14              }
15              print("")
16          }
17      }
18
19      printStar(starNumber: 50)
20      multiply()
21      printStar(starNumber: 50)
```

其中第 19 行與第 21 行 printStar(starNumber: 50) 表示印出 * 的個數是 50，其
為想要的星星的個數，此輸出結果與上一範例相同。這也告訴我們呼叫函式
時也可以傳送參數給它，其片段程式如下：

```
func printStar(starNumber: Int) {
    for _ in 1...starNumber {
        print("*", terminator: "")
    }
    print(" ")
}
```

此函式告訴我們 printStar 函式接收一個整數的參數 starNumber。所以呼叫
printStar 函式時會傳送一個參數給它。如 printStar(starNumber: 50) 中的 50
將會傳給 starNumber。注意，Swift 3 要將參數名稱 starNumber 撰寫進來，即
使是第一個參數。

7.1.2 函式的回傳值

以上的函式，如 printStar 和 multiply 函式都沒有回傳值。若函式有回傳值，
則必須加以設定回傳值的資料型態。請參閱下一範例程式。

📱 範例程式

```
01   func sum(number: Int) -> Int {
02       var total = 0
03       for i in 1...number {
04           total += i
05       }
06       return total
07   }
08   let i = 100
09   let tot = sum(number: i)
10   print("1+2+...+\(i) = \(tot)")
```

📱 輸出結果

```
1+2+...+100 = 5050
```

由於 sum 有回傳值，而且回傳值的型態為 Int（第 1 行），所以 sum 函式中有 return total（第 6 行）。函式的回傳訊號是以 -> 表示之。在 sum 函式中有一參數，名為 number，其型態為 Int。

函式也可以接收多個參數，其參數之間是以逗號隔開。如以下程式所示，sum 函式有二個參數，分別是 from 與 to。函式乃計算從 from 到 to 的總和：

📱 範例程式

```
01   func sum(from: Int, to: Int) -> Int {
02       var total = 0
03       for i in from...to {
04           total += i
05       }
06       return total
07   }
08
09   let a = 1, b=100
10   let tot = sum(from: a, to: b)
11   print("\(a)+2...+\(b) = \(tot)")
```

```
1+2+…+100 = 5050
```

程式的第 10 行

```
let tot = sum(from: a, to: b)
```

表示呼叫 sum 函式時，將 a 與 b 當做其參數，分別傳給 from 與 to ，最後將函式的回傳值指定給 tot。再重申一次，呼叫 sum 函式時的參數名稱皆要加以標示，即使是第一個名參數名稱，這與 Swift 3 之前的版本是不太一樣的。再次強調，Swift 3 之前的版本，在呼叫函式時，第一個參數名稱是可以省略的。

7.1.3　回傳多個值

一般在傳統的程式語言中，函式只回傳一個值，在 Swift 可使用 tuple 型態回傳多個值。tuple 是有序的成員集合。

範例程式

```
01   // return multiple value
02   func sumAndMean() -> (sum: Int, mean: Int) {
03       let data = [1, 2, 3, 4, 5, 6, 7, 8 ,9, 10]
04       var sum = 0, mean = 0
05       for i in data {
06           sum += i
07       }
08       mean = (sum) / (data.count)
09       return (sum, mean)
10   }
11
12   let counter = sumAndMean()
13   print("sum = \(counter.sum), mean = \(counter.mean)")
```

輸出結果

```
sum = 55, mean = 5
```

其中 data.count 乃計算陣列的個數（第 8 行）。從程式中的 -> 後接 (sum: Int, mean: Int)，便可得知，回傳值有二個，分別是 sum 與 mean，而且其型態皆為 Int（第 2 行）。所以在 return 敘述第 9 行以

```
return (sum, mean)
```

表示之。

此時我們發現 mean = 5 是不對的，應該是 5.5 才對。喔，主要的原因是 mean 設為 Int 的原故，因此只要將 mean 的型態改為 Double，並在 mean 的計算式中，將 sum 和 data.count 轉型為 Double 即可，如以下程式所示：

📱 範例程式

```
01   // return multiple value
02   func sumAndMean() -> (sum: Int, mean: Double) {
03       let data = [1, 2, 3, 4, 5, 6, 7, 8 ,9, 10]
04       var sum = 0, mean = 0.0
05       for i in data {
06           sum += i
07       }
08       mean = Double(sum) / Double(data.count)
09       return (sum, mean)
10   }
11
12   let counter = sumAndMean()
13   print("sum = \(counter.sum), mean = \(counter.mean)")
```

📱 輸出結果

```
sum = 55, mean = 5.5
```

要將變數或常數名稱轉型，只要將欲轉型的名稱加在變數或常數名稱前即可。如 Double(sum) 和 Double(data.count)，分別將 sum 與 data.count 轉型為 Double（第 8 行）。

7.2 函式的參數名稱

函式的參數名稱在 Swift 有一些變革，如參數有區域與外部參數名稱之分、預設參數值、可變的參數個數，以及 inout 參數。以下我們將一一討論。

7.2.1 外部參數名稱

一般函式的參數名稱基本是屬於區域參數名稱 (local parameter name)，如以下程式的 n1 與 n2 即是。這兩個參數的型態是 Int。如以下範例程式所示：

📄 範例程式

```
01   // function parameter
02   func sum(n1: Int, n2: Int) -> Int {
03       var total = 0
04       for i in n1...n2 {
05           total += i
06       }
07       return total
08   }
09   let calculate = sum(n1: 1, n2: 100)
10   print(calculate)
```

📄 輸出結果

```
5050
```

Swift 3 在呼叫函式時，所有的參數名稱必須加以標示。所以呼叫 sum 時，必須以 sum(n1: 1, n2: 100) 表示，看程式的人只知道這二個參數名稱是 n1 和 n2，但卻不知其意涵。此時可使用外部參數名稱(external parameter name)加以說明，使程式更易清楚且易懂。如以下範例程式所示：

📄 範例程式

```
01   // external parameter name
02   func sum(from n1: Int, to n2: Int) -> Int {
03       var total = 0
04       for i in n1...n2 {
05           total += i
```

```
06          }
07          return total
08      }
09      let calculate2 = sum(from: 1, to: 100)
10      print(calculate2)
```

輸出結果同上。在 n1 與 n2 的區域參數名稱前,分別加上外部參數名稱 from 與 to。在呼叫函式時,加上外部參數名稱,使得讓人更易了解是在計算由 from 到 to 的和,亦即從 1 加到 100 的和。由此可見,取外部參數名稱是很重要的。其實外部參數名稱在 Swift 3 之前是不錯的選擇,但在 Swift 3 由於每個參數名稱皆要表示之,所以直接取欲表達的名稱即可。

若您覺得麻煩,不想在呼叫函式時標示參數名稱,則可在參數名稱之前加上底線,如以下範例程式所示:

範例程式

```
01      // function parameter
02      func sum(n1: Int, _ n2: Int) -> Int {
03          var total = 0
04          for i in n1...n2 {
05              total += i
06          }
07          return total
08      }
09      let calculate = sum(n1: 1, 100)
10      print(calculate)
```

輸出結果同上。

7.2.2 預設參數值

參數當中可以先預設其值,這好比 C++ 的多載函式(function overloading),如此一來,可滿足大家的需求。如以下範例的 to 其預設值為 100,當呼叫此函式,沒有給定 to 值時,則以 100 為其值。當有設定 to 時,則以此值為參數值。注意,預設的參數值一定要從後面的參數開始設定,不可以第一個是預設參數而第二個參數不是預設。

範例程式

```
01   // default parameter value
02   func sum3(from: Int, to: Int = 100) -> Int {
03       var total = 0
04
05       for i in 1...to {
06           total += i
07       }
08       return total
09   }
10   let calculate4 = sum3(from: 1)
11   print("1 加到100 的和為: ", terminator: "")
12   print(calculate4)
13
14   let calculate5 = sum3(from: 1, to: 10)
15   print("1 加到10 的和為: ", terminator: "")
16   print(calculate5)
```

輸出結果

```
1 加到100 的和為: 5050
1 加到10 的和為: 55
```

程式中

```
let calculate4 = sum3(from: 1)
```

的敘述（第 10 行）表示呼叫 sum3 函式時，因為沒有指定 to 的參數值，所以使用參數的預設值 100。而第 14 行敘述

```
let calculate5 = sum3(from: 1, to: 10)
```

表示呼叫 sum3 函式時，沒有使用預設值，因為同時給了 from 與 to 的值。

7.2.3　可變的參數個數

一般的函式都是將要接收的參數固定好了，但若要傳給參數的個數是不定數的話，Swift 提供所謂的可變參數(variadic parameters)，這可讓參數的個數更加的有彈性。

範例程式

```
01   // variadic parameters
02   func sum(numbers: Int...) -> Int {
03       var total = 0
04       for i in numbers {
05           total += i
06       }
07       return total
08   }
09   let data1 = sum(numbers: 1, 2, 3, 4, 5)
10   print("data1 = \(data1)")
11
12   let data2 = sum(numbers: 1, 2, 3)
13   print("data2 = \(data2)")
```

輸出結果

```
data1 = 15
data2 = 6
```

程式在參數的型態後面加上 ...（第 2 行），表示其個數是未定的，完全由呼叫時的參數個數而定，如第 9 行

```
let data1 = sum(numbers: 1, 2, 3, 4, 5)
```

表示呼叫 sum 函式時，所給予的參數個數是 5 個。而第 12 行

```
let data2 = sum(numbers: 1, 2, 3)
```

則表示有 3 個參數而已。

7.2.4　參數的型態

參數型態可分為常數 (constant)、變數 (variable) 與 inout 型態。前面所談的參數型態皆為常數型態，顧名思義參數在函式內不可以更改，而變數型態的參數則可以在函式內加以更改，這少掉在函式要再宣告另一變數的好處。如下一範例程式所示：

📑 範例程式

```
01   // parameter type
02   func left(str: String, count: Int, repChar: Character) -> String {
03       var str = str
04       let amountReplaced = count - str.characters.count
05       for _ in 1 ... amountReplaced {
06           str = str + String(repChar)
07       }
08       return str
09   }
10
11   let originalString = "Swift"
12   let repString = left(str: originalString, count: 12, repChar: "*")
13   print(originalString)
14   print(repString)
```

📑 輸出結果

```
Swift
Swift*******
```

由於 Swift 3 的函式參數皆表示為常數參數，並且不可以在參數前加上 var。如何轉換 Swift 3 以前的寫法，其實很簡單，只要函式內宣告一個 var 的變數，其初始值是此參數即可。所以在 left 函式中，宣告一 var 的 str 變數，並將初值設為參數名稱 str。函式的其它的兩個參數，count 與 repChar 也是常數參數，由於不需要加以的變更，所以不必像 str 參數這樣的宣告。

我們將原來的字串 Swift，經由計算後向左靠齊。可以呼叫 str.characters.count 函式來計算字串的長度。將 count 減去 str.characters.count 後的值指定給 amountReplaced 變數（第 4 行）。接著使用 for 迴圈將 str 加上 repChar 的字串。因為 Swift 字串的長度為 5，今 count 設為 12，所以有 7 個星星要加在 Swift 字串的右邊（第 12 行）。

若要使函式的參數可以更改外，也要這些參數值在函式呼叫後還繼續存在的話，就必需使用 inout 型態的參數。我們以兩數對調的範例來解釋，程式如下所示：

範例程式

```
01   func swapping(aa: Int, bb: Int) {
02       var aa = aa
03       var bb = bb
04       let temp = aa
05       aa = bb
06       bb = temp
07   }
08
09   var a = 100
10   var b = 200
11   print("交換前: a = \(a), b = \(b)")
12   swapping(aa: a, bb: b)
13   print("交換後: a = \(a), b = \(b)")
```

輸出結果

```
交換前: a = 100, b = 200
交換後: a = 100, b = 200
```

從結果得知，a 與 b 根本沒有對調，而對調的則是 aa 與 bb。要如何解決呢？此時必須使用 inout 型態的參數才有辦法將兩數對調，程式如下所示：

範例程式

```
01   // inout parameter
02   func swap(a: inout Int, b: inout Int) {
03       let temp = a
04       a = b
05       b = temp
06   }
07
08   var num1 = 100, num2 = 200
09   print("交換前: num1 = \(num1), num2 = \(num2)")
10
11   swap(&num1, &num2)
12   print("交換後: num1 = \(num1), num2 = \(num2)")
```

輸出結果

```
交換前: num1 = 100, num2 = 200
交換後: num1 = 200, num2 = 100
```

其中 swap 函式的參數皆為 inout 型態（第 2 行），相當於 C++ 的 reference 型態。並在呼叫函式時，需在實際參數前 num1 與 num2 加上 &。這類似 C、C++ 以及 Objective-C 的指標型態。它是屬於傳址的呼叫。

注意，inout 型態沒有預設值，也不可以用於可變參數。最後提醒讀者的是，Swift 3 版本的 inout 是置於參數的後面。

7.3　函式型態

我們來複習一下函式的寫法。函式的型態有許多種，一為無參數也無回傳值型態，如下範例程式所示：

```
// function type
// 無參數也無回傳值
func printSwift() -> () {
    print("Hello, Swift")
}
printSwift()
```

其中 -> () 可以省略。如下所示

```
// function type
// 無參數也無回傳值
func printSwift() {
    print("Hello, Swift")
}
printSwift()
```

上述兩個程式的輸出結果皆為

```
Hello, Swift
```

當有參數和回傳值時，就必需加以寫出，如以下程式接收一整數參數，然後回傳它是偶數或是奇數。如以下範例程式所示：

範例程式

```
01  // 有一參數且有回傳值
02  func evenOrOdd(num: Int) -> Bool {
03      if num % 2 == 0 {
04          return true
05      } else {
06          return false
07      }
08  }
09
10  let data = 100
11  let number = evenOrOdd(num: data)
12  if number {
13      print("\(data) is Even")
14  } else {
15      print("\(data) is Odd")
16  }
17
18  let data2 = 101
19  let number2 = evenOrOdd(num: data2)
20  if number2 {
21      print("\(data2) is Even")
22  } else {
23      print("\(data2) is Odd")
24  }
```

輸出結果

```
100 is Even
101 is Odd
```

evenOrOdd 函式的型態為 (Int) -> Bool（第 2 行）。再次的提醒您，Swift 3 在呼叫函式時，必須將參數名稱一併寫出（11、19 行）。

若要撰寫一接收二個整數，然後計算其平均值的函式，其程式如下所示：

📑 範例程式

```
01  func mean(data1: Int,  data2: Int) -> Double {
02      return Double(data1+data2) / 2
03  }
04  let output = mean(data1: 8, data2: 7)
05  print("result = \(output)")
```

其中 mean 函式的型態為 (Int, Int) -> Double。

📑 輸出結果

```
result = 7.5
```

7.3.1 函式型態當做變數的型態

也可以將變數的型態宣告為函式的型態，即表示變數將參考到某一函式，如以下的敘述：

```
var mathFunction: (Int, Int) -> Double = mean
```

承上一節的程式，表示有一變數 mathFunction 其型態為函式的型態 (Int ,Int) -> Double，此函式有兩個整數型態的參數，其回傳值的型態為 Double。而且 mathFunction 變數參考到 mean 函式。

因此，以下敘述

```
print("result: \(mathFunction(5, 6))")
```

完整的範例程式如下：

📑 範例程式

```
01  func mean(data1: Int,  data2: Int) -> Double {
02      return Double(data1+data2) / 2
03  }
04
05  var mathFunction: (Int ,Int) -> Double = mean
06  print("result: \(mathFunction(5, 6))")
```

將印出

```
result: 5.5
```

再來看另一範例, 如以所示:

📇 範例程式

```
01   //有一參數且有回傳值
02   func evenOrOdd(num: Int) -> Bool {
03       if num % 2 == 0 {
04           return true
05       } else {
06           return false
07       }
08   }
09
10   var evenYesOrNo: (Int) -> Bool = evenOrOdd
11   if evenYesOrNo(5) {
12       print("5 is Even")
13   } else {
14       print("5 is Odd")
15   }
```

📇 輸出結果

```
5 is Odd
```

第 10 行宣告一變數 evenYesOrNo, 其型態為 (Int) -> Bool, 用來判斷某一數是偶數或是奇數, 並且將 evenYesOrNo 變數參考 evenOrOdd 函式(第 10 行)。

輸出結果顯示 5 是奇數。從以上兩個範例程式可知, 變數型態若為函式型態, 表示可以透過變數來呼叫某一函式, 這應該是不錯的做法。

7.3.2 函式型態當做參數的型態

除了可將函式型態當做變數的型態以外, 也可以將函式型態當做是函式的參數型態, 範例程式所示:

📑 範例程式

```
01   func mean(data1: Int,  data2: Int) -> Double {
02       return Double(data1+data2) / 2
03   }
04
05   func printMean(meanFunction: (Int, Int) -> Double, a: Int, b: Int) {
06       print("(\(a) + \(b)) / 2 is \(meanFunction(a, b))")
07   }
08   printMean(meanFunction: mean, a: 8, b: 7)
```

📑 輸出結果

```
(8 + 7) / 2 is 7.5
```

上一函式 printMean 函式有三個參數（第 5 行），第一個參數 meanFunction，其型態為函式型態，此函式表示接收兩個整數 (Int, Int)，而回傳值型態為 Double。第二個與第三個參數分別為 a, b，其型態為 Int 型態。

第 8 行呼叫 printMean 函式時，記得要寫出其參數名稱，這是 Swift 3 的新語法，表示將 mean 函式傳送給 meanFunction 函式，因為第一個參數的型態是屬於函式的型態，此程式將 mean 函式當做第一個參數傳給 meanFunction，並將 8 與 7 分別傳給 a 與 b。

7.3.3　函式型態當做回傳值的型態

函式型態當做回傳值型態

```
func incremental(input: Int) -> Int {
    return input + 1
}
func decremental(input: Int) -> Int {
    return input - 1
}
```

上述定義了兩個函式，分別為 incremental 和 decremental，而且函式的型態皆為 (Int) -> Int

接下來，撰寫一函式 chooseFunction，它有一參數 increment 用以判斷要呼叫 incremental 或是 decremental 函式。如下所示：

```
func chooseFunction(increment: Bool) -> (Int)-> Int {
    if increment {
        return incremental
    } else {
        return decremental
    }
}
```

最後撰寫一程式來測試上述的 chooseFunction 函式。

範例程式

```
01  func incremental(input: Int) -> Int {
02      return input + 1
03  }
04  func decremental(input: Int) -> Int {
05      return input - 1
06  }
07
08  func chooseFunction(increment: Bool) -> (Int)-> Int {
09      if increment {
10          return incremental
11      } else {
12          return decremental
13      }
14  }
15
16  var number = 6
17  let moveToZero = chooseFunction(increment: number < 0)
18  while number != 0 {
19      print("\(number) ", terminator: "")
20      number = moveToZero(number)
21  }
22  print(0)
23  print("end")
```

輸出結果

```
6 5 4 3 2 1 0
end
```

程式第 16 行宣告與設定 number 為 6，並且將 chooseFunction 函式所回傳的
函式指定給 moveToZero 常數（第 17 行），若是真，則回傳 incremental 函
式（第 1-3 行），反之，回傳 decremental 函式（第 4-6 行）。由於此時的
number 是大於 0，所以會將 decremental 函式指定給 moveToZero。接下來
while 迴圈判斷 number 是否不等於 0（第 18 行）。若是，則繼續將 number
值傳給 decremental 函式運算。反之，則結束 while 迴圈。

7.4　巢狀函式

我們將上述函式型態當做回傳值型態的範例程式，改用巢狀函式表示。若一
函式內又包含其它函式，則稱此函式為巢狀函式 (nested function)，如下所
示：

📥 範例程式

```
01  //nested function
02  func chooseFunction(increment: Bool) -> (Int)-> Int {
03      func incremental(input: Int) -> Int {
04          return input + 1
05      }
06
07      func decremental(input: Int) -> Int {
08          return input - 1
09      }
10
11      if increment {
12          return incremental
13      } else {
14          return decremental
15      }
16  }
```

將 incremental （第 3-5 行）和 decremental 函式（第 7-9 行）置放於
chooseFunction 函式內（第 2 行），此稱為巢狀函式。chooseFunction 函式內
判斷 increment 是否為真（第 11 行），若為真，則回傳 incremental 函式，否
則回傳 decremental 函式。接下來以 number 為 6 加以測試。如下程式所示：

範例程式

```
17    var number = 6
18    let moveToZero = chooseFunction(increment: number < 0)
19    while number != 0 {
20        print("\(number) ", terminator: "")
21        number = moveToZero(number)
22    }
23    print(0)
24    print("end")
```

因為 number 為 6，所以 number ＜ 0 是為假，所以呼叫 decremental 函式，而 decremental 函式每次遞減 1。最後的輸出結果和上一範例程式是一樣的。

若將上一程式的第 17 行

```
var number = 6
```

改為

```
var number = -8
```

因為 number 為 -8，所以 number ＜ 0 是為真，所以呼叫 incremental 函式，而 incremental 函式每次遞增 1。請參閱以下輸出結果：

輸出結果

```
-8 -7 -6 -5 -4 -3 -2 -1 0
end
```

7.5 區域與全域變數

定義在函式內部的變數稱為區域變數(local variable)，而定義在函式外面的變數稱之為全域變數(global variable)。函式會使用本身定義的區域變數，若找不到，才會使用全域變數。當然若使用的變數，沒有區域變數，也沒有全域變數，此時將產生一錯誤的訊息，告訴您此變數未加以定義之。全域變數在其定義以下的函式都可以使用，當然在定義在全域變數上面的函式就無法使用了。

📑 範例程式

```
01   // global or local variable
02   var i = 100
03   func globalOrLocal() {
04       let i = 200
05       print("local i = \(i)")
06   }
07
08   globalOrLocal()
09   print("global i = \(i)")
```

🔍 輸出結果

```
local i = 200
global i = 100
```

有一全域變數 i 為 100（第 2 行），其有效範圍觸及 globalOrLocal 函式。由於 globalOrLocal 函式有定義區域變數（第 4 行），所以將使用區域變數 i，而第 9 行 print 函式中的 i，則是使用全域變數。

當我們將 globalOrLocal 函式中的變數 i 去掉時，如以下程式所示：

📑 範例程式

```
01   var i = 100
02   func globalOrLocal(){
03       print("i = \(i)")
04   }
05
06   globalOrLocal()
07   print("global i = \(i)")
```

🔍 輸出結果

```
i = 100
global i = 100
```

此時程式的 globalOrLocal 函式將會使用全域變數 i，因為此函式沒有定義區域變數 i。當然若將第 1 行的全域變數 i 刪除，則會產生錯誤的訊息。

自我練習題

1. 請使用函式製作如以下的九九乘法表。

```
***************************************************************
1*1= 1 2*1= 2 3*1= 3 4*1= 4 5*1= 5 6*1= 6 7*1= 7 8*1= 8 9*1= 9
1*2= 2 2*2= 4 3*2= 6 4*2= 8 5*2=10 6*2=12 7*2=14 8*2=16 9*2=18
1*3= 3 2*3= 6 3*3= 9 4*3=12 5*3=15 6*3=18 7*3=21 8*3=24 9*3=27
1*4= 4 2*4= 8 3*4=12 4*4=16 5*4=20 6*4=24 7*4=28 8*4=32 9*4=36
1*5= 5 2*5=10 3*5=15 4*5=20 5*5=25 6*5=30 7*5=35 8*5=40 9*5=45
1*6= 6 2*6=12 3*6=18 4*6=24 5*6=30 6*6=36 7*6=42 8*6=48 9*6=54
1*7= 7 2*7=14 3*7=21 4*7=28 5*7=35 6*7=42 7*7=49 8*7=56 9*7=63
1*8= 8 2*8=16 3*8=24 4*8=32 5*8=40 6*8=48 7*8=56 8*8=64 9*8=72
1*9= 9 2*9=18 3*9=27 4*9=36 5*9=45 6*9=54 7*9=63 8*9=72 9*9=81
***************************************************************
```

2. 請使用函式製作另一個九九乘法表。

```
***************************************************************
1*1= 1 1*2= 2 1*3= 3 1*4= 4 1*5= 5 1*6= 6 1*7= 7 1*8= 8 1*9= 9
2*1= 2 2*2= 4 2*3= 6 2*4= 8 2*5=10 2*6=12 2*7=14 2*8=16 2*9=18
3*1= 3 3*2= 6 3*3= 9 3*4=12 3*5=15 3*6=18 3*7=21 3*8=24 3*9=27
4*1= 4 4*2= 8 4*3=12 4*4=16 4*5=20 4*6=24 4*7=28 4*8=32 4*9=36
5*1= 5 5*2=10 5*3=15 5*4=20 5*5=25 5*6=30 5*7=35 5*8=40 5*9=45
6*1= 6 6*2=12 6*3=18 6*4=24 6*5=30 6*6=36 6*7=42 6*8=48 6*9=54
7*1= 7 7*2=14 7*3=21 7*4=28 7*5=35 7*6=42 7*7=49 7*8=56 7*9=63
8*1= 8 8*2=16 8*3=24 8*4=32 8*5=40 8*6=48 8*7=56 8*8=64 8*9=72
9*1= 9 9*2=18 9*3=27 9*4=36 9*5=45 9*6=54 9*7=63 9*8=72 9*9=81
***************************************************************
```

3. 以下是除錯題，發揮你的智慧將程式中的 bugs 加以除錯。

(a)

```swift
func swap(a: inout Int, b: inout Int) {
    let temp = a
    a = b
    b = temp
}


var num1 = 100, num2 = 200
print("Before swapped num1 = \(num1), num2 = \(num2)")

swap(num1, num2)
print("After swapped num1 = \(num1), num2 = \(num2)")
```

(b)

```
func sumAndDefaultValue(n1: Int, n2: Int = 100) -> Int {
    var total = 0

    for i in n1...n2 {
        total += i
    }
    return total
}

let calculateDefaultValue = sumAndDefaultValue(1, 10)
print(calculateDefaultValue)

let calculateDefaultValue2 = sumAndDefaultValue(1)
print(calculateDefaultValue2)
```

(c)

```
func sum(from n1: Int, to n2: Int) -> Int {
    var total = 0

    for i in n1...n2 {
        total += i
    }
    return total
}

let calculate2 = sum(n1: 1, n2: 100)
print(calculate2)
```

(d)

```
func sum(number: Int) {
    var total = 0
    for i in 1...number {
        total += i
    }
    return total
}

let i = 100
let tot = sum(i)
print("1+2+...+\(i) = \(tot)")
```

(e)

```swift
func sumAndMean() -> (Int, Double) {
    let data = [1, 2, 3, 4, 5, 6, 7, 8 ,9, 10]
    var sum = 0, mean = 0
    for i in data {
        sum += i
    }
    mean = (sum) / (data.count)
    return (sum, mean)
}

let counter = sumAndMean()
print("sum=\(counter.sum), mean=\(counter.mean)")
```

8

CHAPTER

閉包

閉包(closure)是自我包含 (self-contained) 功能的區段,用以完成某項的任務。閉包可視為沒有名稱的函式。Swift 的閉包類似其它程式語言,如 C 語言的區段(block),C++ 和 Objective-C 的拉姆達 (Lambda) 等等。

閉包可採用全域函式、巢狀函式,以及閉包運算式三種格式。以下將以閉包的運算式來加以說明。

8.1 閉包運算式

Swift 的閉包運算式 (closure expression) 是一清楚又簡潔的格式,其語法如下:

```
{ (parameters) -> return type in
    statements
}
```

閉包運算式語法可以使用常數參數、變數參數以及 inout 參數,但無法使用預設值。我們以範例來加以說明。

假設要將一陣列的資料由小至大排列,一般的撰寫方式如下:

📱 範例程式

```
01   let numbers = [10, 8, 20, 7, 56, 3, 2, 1, 99]
02   func ascending(a: Int, b: Int) -> Bool {
```

```
03          return   a < b
04      }
05      print("排序前的資料：")
06      for i in numbers {
07          print("\(i) ", terminator: "")
08      }
09      //  呼叫 sort 函式
10      var finished = numbers.sorted(by: ascending)
11
12      print("\n 排序後的資料：")
13      for i in finished {
14          print("\(i) ", terminator: "")
15      }
16      print("")
```

📋 輸出結果

```
排序前的資料:
10 8 20 7 56 3 2 1 99
排序後的資料：
1 2 3 7 8 10 20 56 99
```

其中 ascending 是一函式（第 2-4 行），接收兩個 Int 的參數，而且回傳值為 Bool。當參數 a 小於參數 b 時回傳真。這表示第一個數字小於第二個數字，所以是由小至大排序。之後執行第 10 行敘述

```
var finished = numbers.sorted(by: ascending)
```

程式呼叫系統提供的 sorted 函式，此函式有一個參數，用以判斷是由小至大，或是由大至小的排序。最後排序的結果指定給 finished 陣列變數。

今將上述的寫法以閉包運算式方式撰寫，其程式如下所示：

📋 範例程式

```
01      // closure
02      let numbers = [10, 8, 20, 7, 56, 3, 2, 1, 99]
03
04      var finished = numbers.sorted(by: {(a: Int, b: Int) -> Bool in return a < b})
05      print("排序後的資料：")
```

```
06    for i in finished {
07        print("\(i) ", terminator: "")
08    }
09    print("")
```

📑 輸出結果

> **排序後的資料：**
> 1 2 3 7 8 10 20 56 99

其中的 sort 函式寫法如下：

```
numbers.sorted(by: {(a: Int, b: Int) -> Bool in return a < b})
```

此敘述將 ascending 函式以閉包運算式取代。

有關閉包運算式計有推論型態格式、明確的從單一運算式的閉包回傳、速記引數名稱，以及運算子函式等四種方式，我們將以範例一一解釋。

8.1.1 推論型態格式

其實 ascending 函式的型態為 (Int, Int) ->Bool，所以可使用推論型態(infer type)表示閉包運算式。因此，可將第 4 行 sorted 函式內的閉包運算式

```
{(a: Int, b: Int) -> Bool in return a < b}
```

簡化為

```
{(a, b) in return a < b}
```

完整的程式如下所示：

📑 範例程式

```
01    // Inferred type from closure
02    let numbers = [10, 8, 20, 7, 56, 3, 2, 1, 99]
03
04    var finished = numbers.sorted(by: {(a, b) in return a < b})
05    print("排序後的資料：")
06    for i in finished {
07        print("\(i) ", terminator: "")
08    }
09    print("")
```

輸出結果同上。

8.1.2 明確從單一運算式的閉包回傳

我們也可以從單一運算式的閉包回傳來表示閉包運算式。上一範例的閉包運算式可以下式表示。

```
{(a, b) in a < b }
```

完整程式如下所示：

範例程式

```
01   // Another type from closure
02   let numbers = [10, 8, 20, 7, 56, 3, 2, 1, 99]
03
04   var finished = numbers.sorted(by: {(a, b) in a < b})
05   print("排序後的資料：")
06   for i in finished {
07       print("\(i) ", terminator: "")
08   }
09   print("")
```

輸出結果同上。和推論型態的差異是將 return 省略了（第 4 行）。

8.1.3 速記引數名稱

若要再簡單一點的話，可以速記引數名稱來表示，以上一範例程式來說，其閉包運算式可以下一敘述表示：

```
{$0 < $1})
```

看起來有沒有更簡單了。其完整的程式如下所示：

範例程式

```
01   // Shorthand argument names
02   let numbers = [10, 8, 20, 7, 56, 3, 2, 1, 99]
03
04   var finished = numbers.sorted(by: {$0 < $1})
05   print("排序後的資料：")
06   for i in finished {
```

```
07        print("\(i) ", terminator: "")
08    }
09    print("")
```

輸出結果同上。$0 < $1 這樣的表示（第 4 行），您是否有感覺它是兩個參數的比較而已。

8.1.4　運算子函式

最後的閉包運算式是運算子函式，它是最簡的運算式，以上一範例來說，只要以運算子 < 來表示即可。程式如下所示：

範例程式

```
01    // operator function
02    let numbers = [10, 8, 20, 7, 56, 3, 2, 1, 99]
03
04    var finished = numbers.sorted(by: <)
05    print("排序後的資料：")
06    for i in finished {
07        print("\(i) ", terminator: "")
08    }
09    print("")
```

輸出結果同上。程式中只以 < 表示（第 4 行），知其前者小於後者，若要由大至小，則以 > 表示之，表示前者大於後者。

8.2　尾隨閉包

上一節我們論及有關閉包運算式的方式，其實還有一種方式是當閉包運算式太長時，則可使用尾隨的閉包 (tailing closure)。我們若將第一個範例程式的閉包運算式

```
var finished = numbers.sorted(by: {(a: Int, b: Int) -> Bool in return a < b})
```

改以尾隨的閉包表示的話，則程式如下所示：

```
var finished = numbers.sorted() {
    (a: Int, b: Int) -> Bool in return a < b }
```

可以看出閉包運算式脫離 sorted 函式的參數表示法，而是將閉包運算式緊接在其後面。

完整的程式，如下所示：

範例程式

```
01   // trailing closure
02   let numbers = [10, 8, 20, 7, 56, 3, 2, 1, 99]
03
04   var finished = numbers.sorted() {(a: Int, b: Int) -> Bool in return a < b}
05   print("排序後資料: ")
06   for i in finished {
07       print("\(i) ", terminator: "")
08   }
09   print("")
```

輸出結果同上。也可以將它以速記引數名稱來表示，則情形如下：

範例程式

```
01   // trailing closure
02   let numbers = [10, 8, 20, 7, 56, 3, 2, 1, 99]
03
04   var finished = numbers.sorted() {$0 < $1}
05   print("排序後資料: ")
06   for i in finished {
07       print("\(i) ", terminator: "")
08   }
09   print("")
```

輸出結果同上。

8.3 擷取數值

閉包可以存取周圍附近的常數和變數，因而閉包可以參考和修改在函式主體的變數與常數值。

巢狀函式 (nested function) 表示函式內部又有一函式，此也是閉包的一種表示方式。巢狀函式可以擷取(capture)任何位於外部函式的參數，而且可以擷取定義於外部函式的任何常數與變數。雖然全域函式也是閉包的一種，但它不可以擷取任何值。

下一範例程式定義 calculateSquare 函式（第 2 行），此函式的型態是回傳 Int 的型態的函式。calculateSquare 函式又包含 answer 函式（第 4 行）。巢狀的 answer 函式擷取兩個值分別是 n 與 square。擷取這些值後，calculateSquare 函式回傳 answer 函式，將此函式當做閉包，而此閉包是將 square 乘上 n 後，再指定給 square，最後將 square 回傳，所以可以說回傳 answer，其實就是將 square 乘以 n。

📋 範例程式

```
01   // capturing values
02   func calculateSquare(forNumber n: Int) -> () -> Int {
03       var square = 1
04       func answer() -> Int {
05           square = square * n
06           return square
07       }
08       return answer
09   }
10
11   let squareByFive = calculateSquare(forNumber: 5)
12   print(squareByFive())
13   print(squareByFive())
14   print(squareByFive())
15   print(squareByFive())
```

輸出結果

```
5
25
125
625
```

calculateSquare 函式的回傳型態是 () -> Int。此表示它將回傳一函式，此回傳函式沒有參數，而且每一次呼叫時會回傳 Int 值。calculateSquare 函式定義整數變數 square，用以儲存目前 answer 函式的回傳值，其初始值為 1。第一次呼叫 squareByFive() 函式的結果是 5。第二次呼叫 squareByFive() 函式的結果是 25，因為此時的 square 值是 5，所以 5*5 是 25。第三次呼叫 squareByFive() 函式的結果是 125，因為此時的 square 值是 25，所以 25*5 是 125。依此類推，第四次呼叫 squareByFive() 函式的結果是 625。

8.4 閉包是參考型態

閉包是屬於參考型態 (reference type)。承上節的範例程式，將 squareByFive 指定給 alsosquareByFive，然後再呼叫 alsosquareByFive()將得到 3125。因為承上題的原故，所以得到的結果是 625*5。

範例程式

```
16    // closure as reference type
17    let alsosquareByFive = squareByFive
18    print(alsosquareByFive())
```

輸出結果

```
3125
```

自我練習題

1. 請問下列程式的輸出結果

(a)

```
func makeDecrementor(forDecrement amount: Int) -> () ->Int {
    var total = 100
    func Decrementor() ->Int {
        total -= amount
        return total
    }
    return Decrementor
}

let DecrementByTen = makeDecrementor(forDecrement: 10)
print(DecrementByTen())
print(DecrementByTen())
print(DecrementByTen())
print("")
let DecrementByEight = makeDecrementor(forDecrement: 8)
print(DecrementByEight())
print(DecrementByEight())
```

(b)

```
// trailing closure
let numbers = [10, 8, 20, 7, 56, 3, 2, 1, 99]

var finished = numbers.sorted(by: {$0 > $1})

print("排序前資料: ")
for i in numbers {
    print("\(i) ", terminator: "")
}
print("")

print("排序後資料: ")
for i in finished {
    print("\(i) ", terminator: "")
}
print("")
```

2. 請將以下的程式加以除錯。

(a)

```
let numbers = [10, 8, 20, 7, 56, 3, 2, 1, 99]

var finished = numbers.sort(((a: Int, b: Int) -> Bool in return a < b)))
for i in finished {
    print("\(i) ", terminator: "")
}
print("")
```

(b)

```
let numbers = [10, 8, 20, 7, 56, 3, 2, 1, 99]

var finished = numbers.sort({a, b return a < b })

println("排序前資料: ")
for i in numbers {
    print("\(i) ", terminator: "")
}
print("")

println("排序後資料: ")
for i in finished {
    print("\(i) ", terminator: "")
}
print("")
```

(c)

```
let numbers = [10, 8, 20, 7, 56, 3, 2, 1, 99]

var finished = numbers.sort({$a < $b})

println("排序前資料: ")
for i in numbers {
    print("\(i) ", terminator: "")
}
print("")

println("排序後資料: ")
for i in finished {
    print("\(i) ", terminator: "")
```

```
}
print("")
```

(d)

```
let numbers = [10, 8, 20, 7, 56, 3, 2, 1, 99]

var finished = numbers.sort() ((a: Int, b: Int) -> Bool in return a < b))
println("排序前資料: ")
for i in numbers {
    print("\(i) ", terminator: "")
}
print("")

println("排序後資料: ")
for i in finished {
    print("\(i) ", terminator: "")
}
print("")
```

(e)

```
// trailing closure
let numbers = [10, 8, 20, 7, 56, 3, 2, 1, 99]

var finished = numbers.sorted((0 < $1))

println("排序前資料: ")
for i in numbers {
    print("\(i) ", terminator: "")
}
print("")

println("排序後資料: ")
for i in finished {
    print("\(i) ", terminator: "")
}
print("")
```

9
CHAPTER

類別、結構與列舉

類別(class)與結構(structure)在 Swift 可視為一家親,因為在宣告上與功能上有很多相似地方,如這兩種型態都可以有屬性和方法。

列舉(enumeration) 是一般的型態,它將相關的值集合在一起,事後以便好管理。在使用時也比較安全,因為列舉將會使用的值列出來了,若使用到不是列舉的事項時,系統將會給您一錯誤的訊息。本章除了說明有關列舉的語法外,也將探討如何在 switch 敘述中使用列舉值、列舉的關連值以及 Swift 3 利用 rawValue 得到列舉的預設值。先從列舉的語法開始。

9.1 類別與結構的比較

類別與結構的相似之處除了上述所說的可以定義屬性與功能外,還可以使用索引存取屬性值、定義初始器來初始屬性、延展預設實作的功能以及遵從某一協定提供某一形式的標準功能。而其相異之處是,類別具有繼承(inheritance)功能、可以執行型態的轉換,讓您在執行期可以檢查類別實例的型態、釋放(deinitializer)不必要的記憶體空間,以及處理參考計算(reference count)。

類別的定義的語法如下:

```
class name {
    //類別的定義從此處開始
}
```

而結構的宣告語法如下：

```
struct name {
    //結構的定義從此處開始
}
```

若要存取結構與類別的屬性成員，則需利用點運算子 (.)。

以下範例程式是定義一結構 Point (第 2~5 行)，其屬性成員是 x 與 y ，初始值分別設定為 10 與 10。接著定義一 Point 的結構變數 onePoint。一般取類別和結構的名稱時，第一字母通常是以大寫表示。

範例程式

```
01   // class and structure
02   struct Point {
03       var x = 10
04       var y = 10
05   }
06
07   var onePoint = Point()
08   print("onePoint.x = \(onePoint.x)")
09   print("onePoint.y = \(onePoint.y)")
10
11   print("\n 將原點座標改為(20, 30)")
12   onePoint.x = 20
13   onePoint.y = 30
14   print("onePoint.x = \(onePoint.x)")
15   print("onePoint.y = \(onePoint.y)")
```

輸出結果

```
onePoint.x = 10
onePoint.y = 10

將原點座標改為(20, 30)
onePoint.x = 20
onePoint.y = 30
```

接著將 onePoint 屬性成員以 onePoint.x 與 onePoint.y 印出。再利用指定的方式將其 x 與 y 成員分別改為 20 與 30。也可以在定義結構的屬性時只告知其型態，並沒有給予初始值，如下程式所示：

📋 範例程式

```
01 | struct Point {
02 |     var x: Int
03 |     var y: Int
04 | }
05 |
06 | var onePoint = Point(x: 10, y: 10)
07 | print("onePoint.x = \(onePoint.x)")
08 | print("onePoint.y = \(onePoint.y)")
09 |
10 | print("\n 將原點座標改為(20, 30)")
11 | onePoint.x = 20
12 | onePoint.y = 30
13 | print("onePoint.x = \(onePoint.x)")
14 | print("onePoint.y = \(onePoint.y)")
```

第 6 行利用以下敘述

```
var onePoint = Point(x: 10, y: 10)
```

定義一變數及設定初始值。其餘的與上一程式相同。下一範例程式是定義 Rectangle 類別，其中以 class 為其關鍵字。

📋 範例程式

```
01 | class Rectangle {
02 |     var width = 10
03 |     var height = 20
04 | }
05 |
06 | var oneRectangle = Rectangle()
07 | print("oneRectangle.width = \(oneRectangle.width)")
08 | print("oneRectangle.height = \(oneRectangle.height)")
09 |
10 | print("\n 將寬與高改為(50, 80)")
```

```
11    oneRectangle.width = 50
12    oneRectangle.height = 80
13    print("oneRectangle.width = \(oneRectangle.width)")
14    print("oneRectangle.height = \(oneRectangle.height)")
```

輸出結果

```
oneRectangle.width = 10
oneRectangle.height = 20

將寬與高改為(50, 80)
oneRectangle.width = 50
oneRectangle.height = 80
```

9.1.1 值型態

結構與列舉是屬於值型態 (value type) 的資料。當一結構或列舉指定給另一結構或列舉時，若其中有一所屬的資料改變時，另一個是不會受影響的，因為它們各自佔不同的記憶體空間，如下程式所示：

範例程式

```
01    // value type
02    struct Point {
03        var x = 0
04        var y = 0
05    }
06
07    var onePoint = Point()
08    var anotherPoint = onePoint
09
10    print("onePoint.x = \(onePoint.x)")
11    print("onePoint.y = \(onePoint.y)")
12    print("anotherPoint.x = \(anotherPoint.x)")
13    print("anotherPoint.y = \(anotherPoint.y)")
14
15    anotherPoint.x = 10
16    anotherPoint.y = 10
17
18    print("\n 將原點座標改為(10, 10)")
```

```
19    print("onePoint.x = \(onePoint.x)")
20    print("onePoint.y = \(onePoint.y)")
21    print("anotherPoint.x = \(anotherPoint.x)")
22    print("anotherPoint.y = \(anotherPoint.y)")
```

輸出結果

```
onePoint.x = 0
onePoint.y = 0
anotherPoint.x = 0
anotherPoint.y = 0

將原點座標改為(10, 10)
onePoint.x = 0
onePoint.y = 0
anotherPoint.x = 10
anotherPoint.y = 10
```

程式第 8 行

```
var anotherPoint = onePoint
```

敘述將 onePoint 指定給 anotherPoint，此時這兩個變數的示意圖如下：

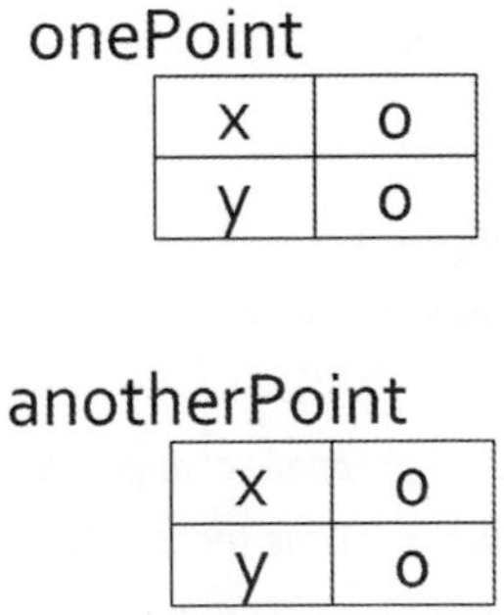

onePoint

x	0
y	0

anotherPoint

x	0
y	0

圖 9-1

由於它們是結構的變數，所以 anotherPoint 的 x 與 y 改變時（第 15、16 行），對 onePoint 是不受影響的，好比我們將 anotherPoint 變數的 x 與 y 分別設定為 10 與 10，從輸出結果可得知，onePoint 變數的 x 與 y 是不受其影響的。其示意圖如下：

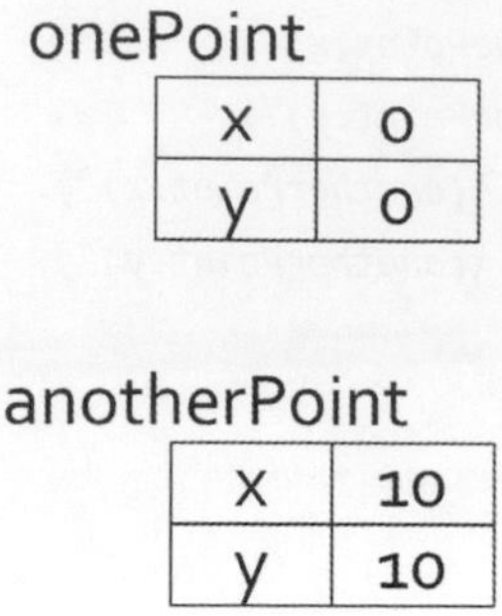

onePoint

x	0
y	0

anotherPoint

x	10
y	10

圖 9-2

9.1.2 參考型態

不同於結構與列舉，類別是屬於參考型態 (reference type) 的資料。當一類別指定給另一類別時，若其中有一所屬的資料改變時，另一個也會受影響的，因為它們參考同一個類別，如下程式所示：

📱 範例程式

```
01  // reference type
02  class Rectangle {
03      var width = 0.0
04      var height = 0.0
05  }
06
07  var oneRectangle = Rectangle()
08  var anotherRectangle = oneRectangle
09
10  print("oneRectangle.width = \(oneRectangle.width)")
11  print("oneRectangle.height = \(oneRectangle.height)")
12  print("anotherRectangle.width = \(anotherRectangle.width)")
13  print("anotherRectangle.height = \(anotherRectangle.height)")
14
15  anotherRectangle.width = 50
16  anotherRectangle.height = 80
17  print("\n 將寬與高改為(50, 80)")
18  print("oneRectangle.width = \(oneRectangle.width)")
19  print("oneRectangle.height = \(oneRectangle.height)")
20  print("anotherRectangle.width = \(anotherRectangle.width)")
21  print("anotherRectangle.height = \(anotherRectangle.height)")
```

📑 輸出結果

```
oneRectangle.width = 0.0
oneRectangle.height = 0.0
anotherRectangle.width = 0.0
anotherRectangle.height = 0.0

將寬與高改為(50, 80)
oneRectangle.width = 50.0
oneRectangle.height = 80.0
anotherRectangle.width = 50.0
anotherRectangle.height = 80.0
```

程式第 8 行

```
var anotherRectangle = oneRectangle
```

敘述將 oneRectangle 指定給 anotherRectangle，此時的示意圖如下：

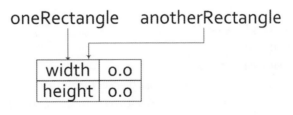

圖 9-3

由於它是類別的變數，所以 anotherRectangle 的 width 與 height 分別改變為 50 與 80 時，對 oneRectangle 也是會受影響的，從輸出結果可得知。其示意圖如下所示：

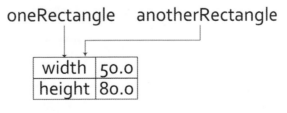

圖 9-4

這就是參考型態，它們共享記憶體。有一方改變時，另一方也自然地的改變了。上一範例是以 anotherRectangle 加以改變 width 與 height 。你也可以以 oneRectangle 來改變 width 與 height，其情形是一樣的。

9.1.3 === 與 !== 運算子

因為類別是參考型態，所以有可能多個常數或變數參考到相同的類別物件。
這裏我們將介紹兩個判斷變數或是常數是否參考相同類別的運算子，分別是
相同運算子(===)與不相同運算子 (!==)。我們以一範例程式加以說明之。

範例程式

```
01  // === and !== operator
02  class Rectangle {
03      var width = 10
04      var height = 20
05  }
06
07  var oneRectangle = Rectangle()
08  print("oneRectangle.width = \(oneRectangle.width)")
09  print("oneRectangle.height = \(oneRectangle.height)")
10
11  var anotherRectangle = Rectangle()
12  anotherRectangle.width = 50
13  anotherRectangle.height = 80
14  print("anotherRectangle.width = \(anotherRectangle.width)")
15  print("anotherRectangle.height = \(anotherRectangle.height)")
16
17  if oneRectangle === anotherRectangle {
18      print("the same")
19  } else {
20      print("not the same")
21  }
22  //-----------------------------------
23  print()
24  anotherRectangle = oneRectangle
25
26  anotherRectangle.width = 20
27  anotherRectangle.height = 10
28  print("oneRectangle.width = \(oneRectangle.width)")
29  print("oneRectangle.height = \(oneRectangle.height)")
30  print("anotherRectangle.width = \(anotherRectangle.width)")
31  print("anotherRectangle.height = \(anotherRectangle.height)")
```

```
32
33    if oneRectangle === anotherRectangle {
34        print("the same")
35    } else {
36        print("not the same")
37    }
```

輸出結果

```
oneRectangle.width = 10
oneRectangle.height = 20
anotherRectangle.width = 50
anotherRectangle.height = 80
not the same

oneRectangle.width = 20
oneRectangle.height = 10
anotherRectangle.width = 20
anotherRectangle.height = 10
the same
```

程式一開始有 oneRectangle 與 anotherRectangle 兩個變數分別參考到不同的記憶體空間，如下圖所示：

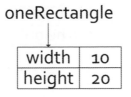

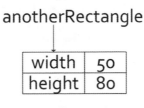

圖 9-5

所以使用 === 運算子判斷時（第 17 行），印出的結果是 not the same。接下來的敘述（第 24 行）

```
anotherRectangle = oneRectangle
```

使得 anotherRectangle 和 oneRectangle 參考相同的類別 Rectangle。如下圖所示：

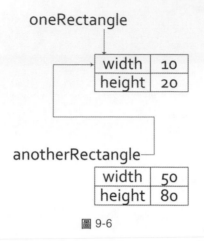

圖 9-6

此時不管以那個變數修改類別中的屬性成員，另一個變數也將會受到影響。因為這兩個變數指向同一位置。如上例將 anotherRectangle 物件的 width 與 height 成員值改變為 20 和 10，再將 oneRectangle 物件的 width 和 height 成員值印出，也會得到 20 和 10。如下圖所示：

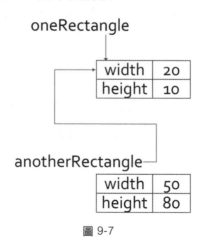

圖 9-7

9.2 列舉的語法

列舉的語法是以 enum 為開頭，之後以左、右大括號括起列舉值，並在列舉值名稱前加上 case，即可完成。如以下宣告一列舉，名稱為 people，其列舉值分別為 freshman、sophomore、junior 以及 senior。

```
enum people {
    case freshman
    case sophomore
    case junior
    case senior
}
```

為了簡便起見，可以將每一列舉值前的 case 省略，僅保留第一個 case 即可，再將列舉值之間以逗號隔開，如下所示：

```
enum people {
    case freshman, sophomore, junior, senior
}
```

接著就可以定義一屬於此列舉的變數，如下所示：

```
var mary = people.freshman
```

表示 mary 是 people 列舉中的 freshman 成員。

由於 mary 是 var 變數的名稱，所以往後也可以改變 mary 值，如明年她將是大二學生，因此

```
mary = people.sophomore
```

表示 mary 為列舉的 sophomore 成員。

9.2.1　在 switch 敘述中使用列舉值

接著就可以定義一屬於此列舉的變數，並利用 switch 敘述加以判斷，如下所示：

📑 範例程式

```
01  enum people {
02      case freshman, sophomore, junior, senior
03  }
04
05  let status = people.junior
06  switch status {
07      case .freshman:
08          print("你是大一生")
```

```
09      case .sophomore:
10          print("你是大二生")
11      case .junior:
12          print("你是大三生")
13      case .senior:
14          print("你是大四生")
15  }
```

輸出結果

你是大三生

程式中沒有 default: 敘述，因為列舉值全部以 case 敘述表示了。假使列舉值有未出現於 case 敘述時，如以下程式所示:

範例程式

```
01  enum people {
02      case freshman, sophomore, junior, senior
03  }
04
05  let status = people.junior
06  switch status {
07      case .freshman:
08          print("你是大一生")
09      case .sophomore:
10          print("你是大二生")
11      case .junior:
12          print("你是大三生")
13      default:
14          print("你是大四生")
15  }
```

輸出結果同上。此程式因為沒有 senior 的 case 敘述，所以 default: 的敘述是很重要的。若將 default: 敘述省略將會產生錯誤的訊息。因為它要符合 switch...case 詳盡無餘 (exhaustive) 的狀況。還有一點要注意的是，此範例的每一 case 後面的值是以點運算子為開頭的，如 .freshman 等等。

9.2.2　關連值

在列舉值中我們可以給予其關連值 (associated value)，如下程式所示：

📑 範例程式

```
01    //associated value
02    enum mobile {
03        case iOS(String)
04        case Android(String, String)
05        case Windows(String)
06    }
07
08    var myMobile = mobile.iOS("iPhone")
09
10    switch myMobile {
11        case .iOS(let mobile1):
12            print("使用 iOS 系統, 你可以選擇: \(mobile1)")
13        case .Android(let mobile3, let mobile4):
14            print("使用 Android 系統, 你可以選擇: \(mobile3) 或 \(mobile4) 或其它")
15        case .Windows(let mobile6):
16            print("使用 Windows Phone, 你可以選擇: \(mobile6)")
17    }
```

📑 輸出結果

> 使用 **iOS** 系統, 你可以選擇: **iPhone**

其中第 2~6 行

```
enum mobile {
    case iOS(Sring)
    case Android(String, String)
    case Windows(String)
}
```

與之前宣告不同的是，在列舉值後面接了小括號與關連值的型態，列舉值
iOS 與 Windows 後接一個關連值型態，而列舉值 Android 後接兩個關連值
型態。這些型態都是 String。當然這些關連值型態也可以是 Int、Double 及
其它，這些型態是依您的需求而給定的。

接著在每一 case 除了列舉值之外，也要將其所對應的關連值列出，並以加上 let，如 iOS 列舉值與其關連值如下：

```
case .iOS(let mobile1):
```

而 Android 列舉值與其關連值如下：

```
case .Android(let mobile3, let mobile4):
```

因為它有兩個關連值的關係，其它的 case 依此類推。

另一種寫法是將關連內的 let 往前移到舉值的前面，這對多個關連值是有好處的，因為不必為一個關連值給予 let 。如下程式所示：

📥 範例程式

```
01   enum mobile {
02       case iOS(String)
03       case Android(String, String)
04       case Windows(String)
05   }
06
07   var yourMobile = mobile.Android("hTC", "Samsung")
08
09   switch yourMobile {
10       case let .iOS(mobile1):
11           print("使用 iOS 系統, 你可以選擇: \(mobile1)")
12       case let .Android(mobile3, mobile4):
13           print("使用 Android 系統, 你可以選擇: \(mobile3)、\(mobile4) 或其它")
14       case let .Windows(mobile6):
15           print("使用 Windows Phone, 你可以選擇: \(mobile6)")
16   }
```

🔍 輸出結果

```
使用 Android 系統, 你可以選擇: hTC、Samsung 或其它
```

程式先將 yourMobile 設定為 Android 系統，然後再利用 switch 判斷，並指定適當的關連值給 mobile3 與 mobile4，其關連值分別是 "hTC" 與 "Samsung"。

9.2.3 rawValue

在列舉中 Swift 3 提供 rawValue 函式，用以告訴列舉值的原始值(raw value)，亦即是預設值(default value)。我們以一程式說明之。

📄 範例程式

```
01  enum people: Int {
02      case freshman=1, sophomore, junior, senior
03  }
04
05  let status = people.senior.rawValue
06  print(status)
```

📄 輸出結果

```
4
```

列舉值的預設值必須在列舉名稱後接型態，此範例是 Int。利用 rawValue 函式印出 senior 在列舉中的數值，因為 freshman 指定為 1，依此類推，sophomore 等於 2，junior 等於 3，senior 等於 4。所以 people.senior.rawValue 的結果為 4。也可以指定多個預設值如下所示：

```
enum people: Int {
    case freshman=1, sophomore, junior=11, senior
}
```

由於 junior 的預設值為 11，所以 senior 的預設值將為 12。

除了 rawValue 外，也提供了(rawValue:) 函式，藉以預設值找出其列舉成員。這有可能找不到，也就是可能會傳回 nil。所以 (rawValue:) 函式的型態是屬於選擇性的型態。

📄 範例程式

```
01  enum people: Int {
02      case freshman=1, sophomore, junior, senior
03  }
04
05  if let yourStatus = people(rawValue: 5) {
06      switch yourStatus {
```

```
07          case .senior:
08              print("您是大四生")
09          default:
10              print("你是大一或大二或大三生")
11      }
12  } else {
13      print("你不是大學生")
14  }
```

📑 輸出結果

您不是大學生

因為 people(rawValue: 5) 回傳的是 nil（第 5 行）。所以程式會執行 else 所對應的敘述。如同輸出結果所示。

自我練習題

1. 以下的程式皆有 bugs，聰明的你幫忙除錯一下，以測驗你對本章的了解程度。

(a)

```
structure Point {
    var x: 10
    var y: 10
}

var onePoint = Point
print("onePoint.x = \(onePoint.x)")
print("onePoint.y = \(onePoint.y)")

println("\n 將原點座標改為(20, 30)")
x = 20
y = 30
print("onePoint.x = \(onePoint.x)")
print("onePoint.y = \(onePoint.y)")
```

(b)

```
class Rectangle {
    var width = 10
    var height = 20
}

let oneRectangle = Rectangle
print("oneRectangle.width = \(oneRectangle.width)")
print("oneRectangle.height = \(oneRectangle.height)")

println("\n 將寬與高改為(50, 80)")
width = 50
height = 80
print("oneRectangle.width = \(oneRectangle.width)")
print("oneRectangle.height = \(oneRectangle.height)")
```

(c)

```
enum people {
    freshman, sophomore, junior, senior
}
let status = people.junior
switch status {
    case freshman:
        print("你是大一生")
    case sophomore:
        print("你是大二生")
    case junior:
        print("你是大三生")
    default:
        print("你是大四生")
}
```

(d)

```
enum mobile {
    case iOS(String)
    case Android(String)
    case Windows(String, String)
}

var yourMobile = mobile.Android("hTC", "Samsung")

switch yourMobile {
    case .iOS(mobile1):
        print("使用 iOS 系統, 你可以選擇: \(mobile1)")
    case .Android(mobile3, mobile4):
        print("使用 Android 系統, 你可以選擇: \(mobile3)、 \(mobile4) 或其它")
    case .Windows(mobile6):
        print("使用 Windows Phone, 你可以選擇: \(mobile6)")
}
```

(e)

```
enum people {
    case freshman=1, sophomore, junior=11, senior
}

let status = people.senior.rawValue()
print(status)
```

(f)

```
enum people {
    case freshman=1, sophomore, junior=11, senior
}

if let yourStatus = people.rawValue(4) {
    switch yourStatus {
        case .senior :
            print("您是大四生")
        default :
            print("你是大一或大二或大三生")
    }
} else {
    print("你不是大學生")
}
```

10
CHAPTER

屬性與方法

屬性 (property) 是與特定類別、結構或列舉的資料變數。相當於其它程式語言如 C++或 Java 的資料成員 (data member)。但 Swift 的屬性又可加以分類為儲存型屬性與計算型屬性。本章除了要探討這兩個主題外，還討論了屬性觀察者 (property observer) 及型態屬性 (type property)。

在類別、結構與列舉除了定義屬性外，還可以定義方法 (method) 。方法又可以分成實例方法 (instance method) 與型態方法 (type method)。除了上述主題，也會論及方法的區域與外部參數名稱、self 屬性及如何在方法內修改參數值。其實方法是物件導向程式設計的說法，它相當於一般傳統程式語言，如 C 語言的函式，都是用於解決某一問題有限步驟，有一簡單的辨別的方式，可以將類別、結構與列舉內的函式稱之為方法。

10.1 儲存型屬性

前面章節所談到的不管在類別或結構內的變數或常數皆為儲存型屬性 (stored property) 。我們以一範例來加以解釋。如下所示：

📑 範例程式

```
01   // store property
02   struct Circle {
03       var x, y: Int
04       var radius = 10
05   }
```

```
06
07    let cirObj = Circle(x: 10, y: 10, radius: 11)
08
09    print("Circle:")
10    print("x: \(cirObj.x), y: \(cirObj.y)")
11    print("radius: \(cirObj.radius)")
```

輸出結果

```
Circle:
x: 10, y: 10
radius: 11
```

程式中的 x、y，以及 radius 稱之為結構 Circle 的屬性變數。x 與 y 資料型態為 Int，且 radius 也是整數，初始值為 10。這三個變數的屬性皆為儲存型屬屬性。當下一敘述

```
let cirObj = Circle(x: 10, y: 10, radius: 11)
```

執行後，定義 cirObj 物件，其 x、y、radius 分別設定初值為 10、10、11。

10.2 計算型屬性

計算型屬性 (computed property) 不是真正儲存一值，取而代之的是提供用以擷取的 getter 和選擇性的 setter，用以間接設定某一屬性值。如以下範例所示：

範例程式

```
01    // computed property
02    struct Point {
03        var x = 0.0, y = 0.0
04    }
05
06    struct Side {
07        var length = 0.0
08    }
09    struct Square {
10        var originPoint = Point()
11        var side = Side()
12        var center: Point {
```

```
13        get {
14            let centerPointX =  originPoint.x + side.length / 2
15            let centerPointY =  originPoint.y + side.length / 2
16            return Point(x: centerPointX, y: centerPointY)
17        }
18
19        set(newCenter) {
20            originPoint.x = newCenter.x - side.length / 2
21            originPoint.y = newCenter.y - side.length / 2
22          }
23          }
24    }
25
26    var Obj = Square(originPoint: Point(x: 0.0, y: 0.0), side: Side(length: 10))
27
28    // call getter
29    print("center x: \(Obj.center.x), y: \(Obj.center.y)")
30
31    // call setter
32    Obj.center = Point(x: 12, y: 12)
33    print("original x: \(Obj.originPoint.x), y: \(Obj.originPoint.y)")
```

輸出結果

```
center x: 5.0, y: 5.0
original x: 7.0, y: 7.0
```

此範例程式利用 get 與 set 函式，來間接擷取屬性值與設定屬性值。我們利用 get 函式得到原來的中心點，再利用 set 函式設計新的中心點，之後印出原點。

其中 get 函式如下：

```
get {
    let centerPointX =  originPoint.x + side.length / 2
    let centerPointY =  originPoint.y + side.length / 2
    return Point(x: centerPointX, y: centerPointY)
}
```

表示將原點加上正方形長度的一半 (0 + 10/2, 0 + 10/2)即為中心點,並加以回傳,亦即(5, 5)。而 set 函式是接收一新的中心點 newCenter 為其參數,之後計算新的原點為何,如下所示:

```
set(newCenter) {
    originPoint.x = newCenter.x - side.length / 2
    originPoint.y = newCenter.y - side.length / 2
}
```

新的原點是由新的中心點減去正方形長度的一半而得。其示意圖如下:

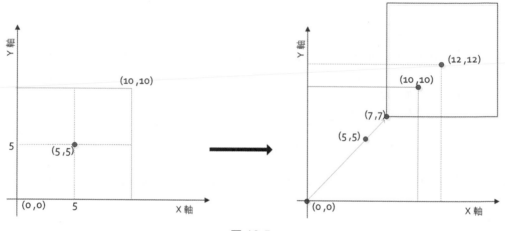

圖 10-5

最後利用下一敘述呼叫 get 函式,印出正方形的中心點。

```
// call getter
print("center x: \(Obj.center.x), y: \(Obj.center.y)")
```

及利用下一敘述呼叫 set 函式,設定新的中心點,然後計算新的原點,最後將其印出

```
// call setter
Obj.center = Point(x: 12, y: 12)
print("original x: \(Obj.originPoint.x), y: \(Obj.originPoint.y)")
```

此為提供用以擷取新的原點 (12-10/2, 12-10/2),亦即 (7, 7)。

10.2.1 速記 setter 宣告

速記計算型屬性(shorthand setter declaration)將程式中 set 的參數 newCenter 改用預設值 newValue。如下所示：

範例程式

```
01    // computer property
02    struct Point {
03        var x = 0.0, y = 0.0
04    }
05
06    struct Side {
07        var length = 0.0
08    }
09    struct Square {
10        var originPoint = Point()
11        var side = Side()
12        var center: Point {
13        get {
14            let centerPointX =  originPoint.x + side.length / 2
15            let centerPointY =  originPoint.y + side.length / 2
16            return Point(x: centerPointX, y: centerPointY)
17          }
18
19        set {
20            originPoint.x = newValue.x - side.length / 2
21            originPoint.y = newValue.y - side.length / 2
22        }
23        }
24    }
25
26    var Obj = Square(originPoint: Point(x: 0.0, y: 0.0), side: Side(length: 10))
27
28    // call getter
29    print("center x: \(Obj.center.x), y: \(Obj.center.y)")
30
31    // call setter
32    Obj.center = Point(x: 12, y: 12)
33    print("original x: \(Obj.originPoint.x), y: \(Obj.originPoint.y)")
```

此程式與上一節程式唯一的差別在於，我們使用 setter 的預設值 newValue 取代上一程式的 newCenter，並且將 set 函式的參數省略，直接在 set 函式主體使用 newValue 即可。此程式的輸出結果同上。

10.2.2 唯讀計算型屬性

唯讀計算型屬性(read-only computed property)表示只有 get 函式，但沒有 set 函式，如下範例程式所示：

📄 範例程式

```
01  // read-only computed property
02  struct cuboid {
03      var width = 0.0, height = 0.0, depth = 0.0
04      var volume: Double {
05      get{
06          return width * height * depth
07      }
08      }
09  }
10  let oneCuboid = cuboid(width: 2.0, height: 3.0, depth: 4.0)
11  print("Volume is \(oneCuboid.volume)")
```

📄 輸出結果

```
Volume is 24.0
```

程式中只有 get 函式，用以計算圓柱體體積，並加以回傳。也可以將程式中 get 的關鍵字省略。如下範例程式所示：

📄 範例程式

```
01  // read-only computed property
02  struct cuboid {
03      var width = 0.0, height = 0.0, depth = 0.0
04      var volume: Double {
05          return width * height * depth
06      }
07  }
08  let oneCuboid = cuboid(width: 2.0, height: 3.0, depth: 4.0)
09  print("Volume is \(oneCuboid.volume)")
```

輸出結果同上。

10.3 屬性的觀察者

屬性的觀察者 (property observer) 將觀察和反應屬性值的變化。每一次屬性值被設定時,將會呼叫屬性觀察者,即使新的設定值和目前的值是一樣。

屬性觀察者有二個函式,一為 willSet,它在屬性值儲存之前將被呼叫,而另一個 didSet 函式是新的值儲存後加以執行。我們以一範例說明之,如下所示:

範例程式

```swift
01   // properties observers
02   class YoursScore {
03       var score: Int = 0 {
04           willSet(newScore) {
05               print("您的分數是 \(newScore)")
06           }
07
08           didSet {
09               if score > oldValue {
10                   print("您進步了 \(score - oldValue) 分")
11               } else {
12                   print("您退步了 \(oldValue - score) 分")
13               }
14           }
15       }
16   }
17
18   let yourScore = YoursScore()
19   yourScore.score = 60
20   yourScore.score = 80
21   yourScore.score = 70
```

輸出結果

```
您的分數是 60
您進步了 60 分
您的分數是 80
```

```
您進步了 20 分
您的分數是 70
您退步了 10 分
```

willSet 接收一參數 newScore（第 4 行），然後將其印出，而第 8 行 didSet 是判斷 score 是否大於預設值 oldValue，分別印出進步幾分或是退步幾分。當第一個設定

```
yourScore.score = 60
```

執行前先處理 willSet，此時 newScore 是 60，再呼叫 didSet，由於 oldValue 是 0，所以 if 的判斷式為真，因此印出您進步了 60 分。接著

```
yourScore.score = 80
```

表示 score 為 80，而 oldValue 是上一次留下來的 60，所以執行 didSet 時，將印出您進步 20 分。最後

```
yourScore.score = 70
```

執行 didSet 時，將印出您退步了 10 分，因為此時的 oldValue 為 80，而 score 為 70。

其實程式中的 newScore 也可以預設值 newValue 取代之（下一範例程式第 5 行），此時 willSet 也就不必接收參數了，如下一範例所示：

📗 範例程式

```
01    class YoursScore {
02        var score: Int = 0 {
03            // newScore 以 newValue 取代之
04            willSet {
05                print("您的分數是 \(newValue)")
06            }
07
08            didSet {
09                if score > oldValue {
10                    print("您進步了 \(score - oldValue) 分")
11                } else {
12                    print("您退步了 \(oldValue - score) 分")
13                }
14            }
```

```
15        }
16    }
17
18    let yourScore = YoursScore()
19    yourScore.score = 60
20    yourScore.score = 80
21    yourScore.score = 70
```

輸出結果和上一範例相同。

10.4　型態屬性

類別、結構或列舉的屬性，一般是預設為實例屬性 (instance property) ，它必須以物件加以存取，因為是某一物件所擁有。而另一是型態屬性(type property)，它不必建立物件，而只要以類別、結構或是列舉名稱來呼叫即可。而如何形成型態屬性呢? 在結構或列舉是以 static 關鍵字加入於屬性的前面，這類似 C++ 的 static，其意義是共享或共用的意思，不是屬於任何一物件所有。如以下程式所示：

📄 範例程式

```
01    // type property of struct
02    struct Rectangle {
03        static var width = 20
04        static var height = 30
05        static var property: String {
06            return "Rectangle: "
07        }
08    }
09
10    print(Rectangle.property)
11    print("Width: \(Rectangle.width)")
12    print("Height: \(Rectangle.height)")
```

輸出結果

```
Rectangle:
Width: 20
Height: 30
```

上述的結構內的屬性前皆加上 static 關鍵字，所以它們是屬於型態屬性，因此不需要建立物件，只要以結構名稱呼叫即可。如上述的 Rectangle.property、Rectangle.width 以及 Rectangle.height。若是將 static 關鍵字刪除，則變為實例屬性（instance property），如下程式所示：

範例程式

```
01   struct Rectangle {
02       var width = 20
03       var height = 30
04       var property: String {
05           return "Rectangle: "
06       }
07   }
08
09   let obj = Rectangle()
10   print(obj.property)
11   print("Width: \(obj.width)")
12   print("Height: \(obj.height)")
```

輸出結果同上。此時則必須先建立一 Rectangle 物件 obj，再利用 obj 存取其屬性。否則會有錯誤的訊息產生。

而類別的型態屬性則需在屬性前加上 class 關鍵字，但類別的型態屬性不可以用在儲存型屬性，如以下範例程式所示：

範例程式

```
01   // type property of class
02   class Rectangle {
03       var width = 20
04       var height = 30
05       class var property: String {
06           return "Rectangle: "
```

```
07          }
08      }
09
10      let rectObj = Rectangle()
11      print(Rectangle.property)
12      print("Width: \(rectObj.width)")
13      print("Height: \(rectObj.height)")
```

輸出結果同上。第 5 行的 property 為型態屬性(因為多加了 class)。注意，width 和 height 是儲存型屬性，所以不能使用型態使用，而 property 則可以。

10.5 實例方法

實例方法 (instance method) 就是定義於類別或結構的方法，稱之為實例方法。實例方法必須使用物件來呼叫。我們以一範例程式來說明：

範例程式

```
01      // instance method
02      class Circle {
03          var radius = 0.0
04          //instance method
05          func getArea() -> Double {
06              return radius * radius * 3.14159
07          }
08          func setRadius(r: Double) {
09              radius = r
10          }
11      }
12
13      let circleObject = Circle()
14      circleObject.setRadius(r: 10)
15      let circleArea = circleObject.getArea()
16      print("圓面積: \(circleArea)")
```

輸出結果

圓面積: 314.159

程式中有兩個方法，分別是 getArea()

```
func getArea() -> Double {
    return radius * radius * 3.14159
}
```

此方法無參數但有回傳值，其型態為 Double。另一個方法為 setRadius(r:)

```
func setRadius(r: Double) {
    radius = r
}
```

此方法接收一參數，其型態為 Double，用以設定新半徑值。此方法沒有回傳值。

由於這兩個方法是實例方法，所以必須先建立一物件，如下所示：

```
let circleObject = Circle()
```

之後便可利用 circleObject 呼叫 getArea 方法和 setRadius 方法，如下所示：

```
circleObject.setRadius(r: 10)
let circleArea = circleObject.getArea()
```

分別設定圓的半徑為 10, 以及計算圓面積，並將它指定給 circleArea 常數名稱。

10.5.1 方法的參數名稱

在函式那一章曾提過外部參數名稱，其實就是讓程式可讀性提高。如以下的範例是設定一 Rectangle 類別，其中有兩個屬性及兩個方法，分別是 getArea 用以得到矩形面積，另一個是 setWidthAndHeight(w:h:)用以設定新的 width 與 height。

在 Swift 3 版本，方法參數名稱皆要在呼叫方法時加以列出。如以下程式所示：

📑 範例程式

```
01  class Rectangle {
02      var width = 0.0
03      var height = 0.0
04      func getArea() -> Double {
05          return width * height
```

```
06        }
07        func setWidthAndHeight(w: Double, h: Double) {
08            width = w
09            height = h
10        }
11    }
12    let rectObject = Rectangle()
13    rectObject.setWidthAndHeight(w: 10, h: 20)
14    let rectArea = rectObject.getArea()
15    print("矩形面積: \(rectArea)")
```

📋 輸出結果

矩形面積: **200.0**

在下一敘述中

```
rectObject.setWidthAndHeight(w: 10, h: 20)
```

參數名稱 w 和 h 不可以省略（第 13 行），否則會產生錯誤訊息。在 Swift 3 之前的版本，方法中的第一個參數名稱可以省略。當然您也可以強制加上外部參數名稱，如下範例程式所示：

📋 範例程式

```
01    class Rectangle {
02        var width = 0.0
03        var height = 0.0
04        func getArea() -> Double {
05            return width * height
06        }
07        func setWidthAndHeight(width w: Double, height h: Double) {
08            width = w
09            height = h
10        }
11    }
12    let rectObject = Rectangle()
13    rectObject.setWidthAndHeight(width: 10, height: 20)
14    let rectArea = rectObject.getArea()
15    print("矩形面積: \(rectArea)")
```

此時呼叫 setWidthAndHeight 方法時（第 13 行），必須將外部參數名稱 width 與 height 寫出，如下所示：

```
rectObject.setWidthAndHeight(width: 10, height: 20)
```

不過這方式目前較少人採用。因為每一個參數名稱在呼叫方法時皆要寫出，為什麼還要多此一舉再加上另一參數名稱，您說是嗎？

10.5.2 self 屬性

Swift 的 self 和 C++ 與 Java 的 this 關鍵字具有相同的意義，表示類別本身的意思。self 是自動產生的，不用您去宣告與定義。當方法所接收的參數名稱和要指定給類別、結構或列舉的屬性名稱相同時，就得使用 self 屬性，表示此為本身的屬性。如下範例程式所示：

📑 範例程式

```
01  // using self
02  class Rectangle {
03      var width = 0.0
04      var height = 0.0
05      func getArea() -> Double {
06          return width * height
07      }
08      func setWidthAndHeight(w: Double, h: Double) {
09          self.width = w
10          self.height = h
11      }
12  }
13
14  let rectangleObject = Rectangle()
15  rectangleObject.setWidthAndHeight(w: 10, h: 20)
16  let totalArea = rectangleObject.getArea()
17  print("面積: \(totalArea)")
```

上面的範例中第 8 行的 setWidthAndHeight 方法，其實有無 self 都是可以的，如下所示：

```
func setWidthAndHeight(w: Double, h: Double) {
    width = w
    height = h
}
```

但若是參數名稱和指定的屬性名稱相同時，則必須藉用 self，否則無法運作。如下範例程式所示：

📑 範例程式

```
01 │  // using self
02 │  class Rectangle {
03 │      var width = 0.0
04 │      var height = 0.0
05 │      func getArea() -> Double {
06 │          return width * height
07 │      }
08 │      func setWidthAndHeight(width: Double, height: Double) {
09 │          self.width = width
10 │          self.height = height
11 │      }
12 │  }
13 │
14 │  let rectangleObject = Rectangle()
15 │  rectangleObject.setWidthAndHeight(width: 10, height: 20)
16 │  let totalArea = rectangleObject.getArea()
17 │  print("面積: \(totalArea)")
```

setWidthAndHeight 方法中的第 9~10 行敘述必須將 self 加以寫出

```
func setWidthAndHeight(width: Double, height: Double) {
    self.width = width
    self.height = height
}
```

因為省略 self 將會造成無法辨認 width 與 height 是屬於參數的或是本身的屬性。

10.5.3 從實例方法內修改值型態

因為結構和列舉的屬性是屬於值型態 (value type)。預設上，值型態的屬性不可以在實例方法中被修改，若要執行修改的動作，必須在方法前加上 mutating 的關鍵字。如將本章最前面的那一個範例，將 class 改為 struct，此時 setRadius 方法前必須加上 mutating（第 8 行），否則會產生錯誤的訊息，如下所示：

範例程式

```
01   // mutating keyword
02   // 在 setRadius 函式前加上 mutating
03   struct Circle {
04       var radius = 0.0
05       func getArea() -> Double {
06           return radius * radius * 3.14159
07       }
08       mutating func setRadius(r: Double) {
09           radius = r
10       }
11   }
12
13   //物件一定要是 var
14   var circleObject = Circle()
15   circleObject.setRadius(r: 10)
16   let totalArea = circleObject.getArea()
17   print("面積: \(totalArea)")
```

輸出結果

```
面積: 314.159
```

由於類別是屬於參考型態，所以可以在方法內修改屬性值，也因此 mutating 只用於結構或是列舉。還有要注意的是 circleObject 一定要設為變數名稱，因為有更改類別的 radius 屬性值。

10.6 型態方法

在本章 10.4 節已探討過型態屬性,本節將討論型態方法(type method) 。其與實例方法的差異是,型態方法是共用的,有如 C++ 或 Java 的 static 方法。型態方法可以使用類別名稱或結構名稱來呼叫,不必定義類別或類別的物件來呼叫。

類別的型態方法是在 func 前加上 class 的關鍵字(第 5 行),而結構與列舉則是在 func 前加上 static 關鍵字。讓我們來看幾個範例。

範例程式

```
01   // type method of class using class
02   class Circle {
03       var radius = 0.0
04       // type method
05       class func printStar() {
06           print("********")
07       }
08       func getArea() -> Double {
09           return radius * radius * 3.14159
10       }
11       func setRadius(r: Double) {
12           radius = r
13       }
14   }
15
16   let circleObject = Circle()
17   Circle.printStar()
18   circleObject.setRadius(r: 10)
19   let totalArea = circleObject.getArea()
20   print("\(totalArea)")
```

輸出結果

```
********
面積: 314.159
```

程式定義了類別 Circle，同時將 printStar 方法設定為型態方法，因為此方法前加上了 class 關鍵字。因此，在呼叫 printStar 方法時，可以使用類別名稱 Circle 直接呼叫（第 17 行）。而另兩個實例方法 getArea 與 setRadius 必須以 Circle 的物件 circleObject 呼叫（第 18-19 行）。

若將類別改以結構表示時，則定義型態方法是要加上 static 關鍵字，同時也必須在 setRadius(r:)方法前加上 mutating。順帶一提的是，定義 circleObject 物件必須是變數名稱。如下範例程式所示：

📑 範例程式

```
01   // type method of structure using static
02   struct Circle {
03       var radius = 0.0
04       static func printStar() {
05           print("*********")
06       }
07       func getArea() -> Double {
08           return radius * radius * 3.14159
09       }
10       mutating func setRadius(r: Double) {
11           radius = r
12       }
13   }
14
15   var circleObject = Circle()
16   Circle.printStar()
17   circleObject.setRadius(r: 10)
18   let totalArea = circleObject.getArea()
19   print("面積: \(totalArea)")
```

型態方法在類別的屬性前加上 class，而在結構與列舉的屬性加上 static（第 4 行）。有一點要說明的是，型態屬性只能被型態方法所使用，否則會產生錯誤的訊息。如以下範例程式所示：

範例程式

```
01    // structure of type property and type method
02    // type property  只能被 type method 使用
03    struct Circle {
04        static var radius = 0.0
05        static func printstar() {
06            print("*******")
07        }
08
09        static func getArea() ->Double {
10            return radius * radius * 3.14159
11        }
12        static func setRadius(r: Double) {
13            radius = r
14        }
15    }
16
17    var circleObject = Circle()
18    Circle.printstar()
19    Circle.setRadius(r: 10)
20    let totalArea = Circle.getArea()
21    print("\(totalArea)")
```

從上一範例程式得知，static 的型態屬性（第 4 行）可以被型態方法（第 12 行）更改，所以不必加 mutating。也就是說 static 的型態方法不用再加上 mutating 的關鍵字。

自我練習題

1. 試問下列程式的輸出結果。

```swift
// computed property
struct Point {
    var x = 0.0, y = 0.0
}

struct Rectangle {
    var origin = Point()
    var width = 0.0, height = 0.0
    var center: Point {
    get{
        let centerX = origin.x + width / 2
        let centerY = origin.x + height / 2
        return Point(x: centerX, y:centerY)
    }

    set(newCenter) {
        origin.x = newCenter.x - width / 2
        origin.y = newCenter.y - height / 2
    }
    }
}

var square = Rectangle(origin: Point(x: 0.0, y: 0.0), width: 6, height: 6)
square.center = Point(x: 10.0, y: 10.0)
print("square.origin is now at \(square.origin.x), \(square.origin.y)")
```

2. 以下程式皆有些許的 bugs，請你來 debug 一下，順便測驗你對本章的了解程度。

    (a)

```swift
// computer property
struct Point {
    var x = 0.0, y = 0.0
}

struct Side {
    var length = 0.0
}
```

```
    var originPoint = Point()
    var xandY = Side()
    var center: Point {
    get {
        let centerPointX =  originPoint.x + xandY.length / 2
        let centerPointY =  originPoint.y + xandY.length / 2
        return Point(x: centerPointX, y: centerPointY)
    }

    set {
        originPoint.x = newCenter.x - xandY.length / 2
        originPoint.y = newCenter.y - xandY.length / 2
    }
    }
}

var Obj = Square(originPoint: Point(x: 0.0, y: 0.0), side:Side(length: 10))

// call getter
println("center x: \(Obj.center.x), y: \(Obj.center.y)")

// call setter
Obj.center = Point(x: 12, y: 12)
print("original x: \(Obj.originPoint.x), y: \(Obj.originPoint.y)")
```

(b)

```
// properties observers
class YoursScore {

    var score: Int = 0 {

    willset(newScore) {
        print("您的分數是 \(newScore)")
    }

    didset {
        if score > oldValue {
            print("您進步了 \(score - oldValue) 分")
        } else {
            print("您退步了 \(oldValue - score) 分")
        }
    }
    }
}
```

```
let yourScore = YoursScore()
yourScore.score = 60
yourScore.score = 80
yourScore.score = 70
```

(c)

```
// type property
struct Rectangle {
    static var width = 20
    var height = 30
    var property: String {
        return"Rectangle: "
    }
}

print(Rectangle.property)
print("Width: \(Rectangle.width)")
print("Height: \(Rectangle.height)")
```

3. 下列程式是小蔡同學所撰寫，但有些錯誤訊息，聰明的你可否幫他除錯一下。

```
struct Circle {
    var radius = 0.0
    func getArea() -> Double {
        return radius * radius * 3.14159
    }
    func setRadius(r: Double) {
        radius = r
    }
}

var circleObject = Circle()
circleObject.setRadius(10)
let totalArea = circleObject.getArea()
print("面積: \(totalArea)")
```

4. 下列程式是小王同學所撰寫，但有些錯誤訊息，聰明的你可否幫他除錯一下。

```
struct Circle {
    var radius = 0.0
    func printStar() {
        print("*********")
    }
    func getArea() ->Double {
        return radius * radius * 3.14159
    }
    func setRadius(r: Double) {
        radius = r
    }
}

let circleObject = Circle()
Circle.printStar()
circleObject.setRadius(10)
let totalArea = circleObject.getArea()
print("面積: \(totalArea)")
```

5. 下列程式是小張同學所撰寫，但有些錯誤訊息，聰明的你可否幫他除錯一下。

```
struct Circle {
    static var radius = 0.0
    static func printStar() {
        print("*******")
    }

    func getArea() -> Double {
        return radius * radius * 3.14159
    }
    func setRadius(r: Double) {
        radius = r
    }
}

var circleObject = Circle()
Circle.printStar()
Circle.setRadius(r: 10)
```

```
Let totalArea = Circle.getArea()
print("\(totalArea)")
```

6. 下列程式是 Nancy 同學所撰寫，但有些錯誤訊息，聰明的你可否幫他
   除錯一下。

```
// structure of type property and type method
// type property  只能被  type method 使用

struct Circle {
    var radius = 0.0
    static func printStar() {
        print("*******")
    }

    static func getArea() ->Double {
        return radius * radius * 3.14159
    }
    static func setRadius(r: Double) {
        radius = r
    }
}

var circleObject = Circle()
Circle.printStar()
Circle.setRadius(10)
let totalArea = Circle.getArea()
```

11
CHAPTER

繼承

繼承(Inheritance)是物件導向程式設計 (Object-Oriented Programming, OOP)三大特性之一。類別與結構的功能在於處理封裝 (Encapsulation)，這也是 OOP 的特性之一。封裝的好處在於防止資料被意外的更改，也可以說是資料的隱藏。而繼承則是可以重複使用已有的資料。這在軟體工程中的重複使用(reuse)是非常重要的。本章將簡單的探討如何定義子類別用以繼承父類別，接著論及有關在子類別中如何覆蓋 (override) 父類別的屬性，以及如何防止某些屬性或方法被覆蓋。

11.1 父類別

任何類別若沒有繼承其它類別，則稱此類別為父類別 (parent class)，或是基礎類別 (base class)，或是超類別 (super class)等等。一般類別中除了有屬性、方法外，還有用來初始化的方法，此稱為 init()。當定義一類別的物件變數或常數時，系統會自動呼叫 init() 函式。init() 方法可以不帶參數，也可以給予參數，視題目而定。其語法如下：

```
init() {
    //執行初始化的動作
}
```

接下來，我們來定義一父類別 Point，它有兩個屬性，分別是表示座標的 x 與 y，以及三個方法，分別是 setData(a:b:)、printData() 以及 init()。其中 setData 方法是設定新的 x 與 y 座標，printData 印出座標值，而 init 方法則初始 x 與 y 為 0。程式如下所示：

📋 範例程式

```
01   // base class
02   class Point {
03       var x: Int
04       var y: Int
05
06       func setData(a: Int, b: Int) {
07           x = a
08           y = b
09       }
10
11       func printData() {
12           print("x=\(x), y=\(y)")
13       }
14
15       init() {
16           x = 0
17           y = 0
18       }
19   }
20   let pointObject = Point()
21   pointObject.printData()
22   pointObject.setData(a: 10, b: 20)
23   pointObject.printData()
```

🔍 輸出結果

```
x=0, y=0
x=10, y=20
```

您也可以將 init 方法加以修改，讓他帶有參數，這樣一來可以定義 Point 變數時，給予參數為設定 x 與 y 的初始值。如下所示：

範例程式

```
01  class Point {
02      var x: Int
03      var y: Int
04
05      func setData(a: Int, b: Int) {
06          x = a
07          y = b
08      }
09
10      func printData() {
11          print("x=\(x), y=\(y)")
12      }
13
14      init(a: Int, b: Int) {
15          x = a
16          y = b
17      }
18  }
19  let pointObject = Point(a: 5, b: 6)
20  pointObject.printData()
21  pointObject.setData(a: 10, b: 20)
22  pointObject.printData()
```

輸出結果

```
x=5, y=6
x=10, y=20
```

注意，呼叫 init 時，必須將參數名稱加以寫出。如 point(a:5, b:6) 中的 a 和 b。

11.2 子類別

當子類別繼承父類別時，子類別可以使用從父類別繼承而來的屬性和方法。所以在子類別可以減少一些原始碼。

子類別的語法如下：

```
class name: baseClassName {
    //子類別的定義從此開始
}
```

若今有一 Line 類別繼承 Point 類別，此時 Line 稱為 Point 的子類別，而稱 Point 是 Line 的父類別。如以下程式所示：

📑 範例程式

```
01  // subclass class
02  class Point {
03      var x: Int
04      var y: Int
05
06      func setData(a: Int, b: Int) {
07          x = a
08          y = b
09      }
10
11      func printData() {
12          print("x=\(x), y=\(y)")
13      }
14
15      init() {
16          x = 0
17          y = 0
18      }
19  }
20
21  class Line: Point {
22      var x1 = 10
23      var y1 = 12
24
25      func printLine() {
26          print("Line is at (\(x), \(y)) and (\(x1), \(y1))")
27      }
```

```
28    }
29
30    let lineObject = Line()
31    print("Original point: ")
32    lineObject.printData()
33    lineObject.printLine()
34
35    lineObject.setData(a: 5, b: 6)
36    print("New original point: ")
37    lineObject.printData()
38    lineObject.printLine()
```

輸出結果

```
Original point: x=0, y=0
line is at (0, 0) and (10, 12)
New original point: x=5, y=6
line is at (5, 6) and (10, 12)
```

Line 類別除了可使用本身定義的屬性 x1、y1（第 22-23 行）和方法
printLine() 外（第 25-27 行），而且可以使用從 Point 類別繼承而來的屬性和
方法，如 x 與 y 屬性（第 3-4 行），setData()，以及 printData()。因為在 Line
類別中沒有定義 setData 和 printData 這兩個方法，但 Line 類別的變數
LineObject 可以呼叫這兩個方法，來設定和印出 Point 類別的屬性 x 與 y。
Point 類別與 Line 類別的關係如下圖所示：

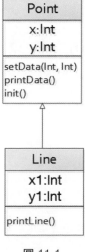

圖 11-1

11.3 覆蓋

您可以覆蓋 (override) 繼承而來的方法和屬性，以滿足您的需求。不過在寫法上都需加上 override 關鍵字。在子類別要使用父類別的屬性或是方法時，則需在其前面加上 super 關鍵字。

我們先從覆蓋方法開始，再接著探討覆蓋含有 get 與 set 的計算型的屬性，以及屬性的觀察者。最後討論如何防止屬性與方法被覆蓋。要辨別是否有覆蓋，其實只要看屬性和方法前有無 override 即可知道。

11.3.1 覆蓋方法

現我們定義一 Circle 類別，它繼承 Point 類別。在 Circle 類別中新定義 radius 屬性，getArea 以及 printArea 方法。完整的程式如下所示：

📑 範例程式

```
01   // override method
02   class Point {
03       var x: Int
04       var y: Int
05
06       func setData(a: Int, b: Int) {
07           x = a
08           y = b
09       }
10
11       func printData() {
12           print("x=\(x), y=\(y)")
13       }
14
15       init() {
16           x = 0
17           y = 0
18       }
19   }
20
21   class Circle: Point {
22       var radius: Double
23
```

```
24        override init() {
25            radius = 10.0
26            super.init()
27        }
28
29        override func printData() {
30            super.printData()
31            print("radius: \(radius)")
32        }
33
34        func getArea() -> Double {
35            return radius * radius * 3.14159
36        }
37
38        func printArea() {
39            print("圓面積: \(getArea())")
40        }
41    }
42
43    let circleObject = Circle()
44    circleObject.setData(a: 20, b: 20)
45    circleObject.printData()
46    circleObject.printArea()
```

輸出結果

```
x=20, y=20
radius: 10.0
圓面積: 314.159
```

從程式中得知 init 與 printData 方法是繼承 Point 類別而來。所以在 Circle 類別覆蓋這些方法時，記得要加上 override（第 24 和 29 行），即使 init 方法也不例外。在 Circle 類別中，要呼叫父類別 Point 的 init 方法時，需以

```
super.init()
```

表示。要呼叫父類別 Point 的 printData 方法時，需以

```
super.printData()
```

來表示。

11.3.2 覆蓋存取的屬性

除了在子類別可以覆蓋繼承的父類別之方法外，也可以覆蓋繼承父類別的屬性。先從存取的屬性來看，程式如下所示：

範例程式

```
01   // override getter and setter property
02   class Point {
03       var x: Int
04       var y: Int
05
06       func setData(a: Int, b: Int) {
07           x = a
08           y = b
09       }
10
11       func printData() {
12           print("x=\(x), y=\(y)")
13       }
14
15       init() {
16           x = 0
17           y = 0
18       }
19   }
20
21   class Circle: Point {
22       var radius: Double
23
24       override init() {
25           radius = 10.0
26           super.init()
27       }
28
29       override func printData() {
30           super.printData()
31           print("radius: \(radius)")
32       }
```

```
33
34      func getArea() -> Double {
35          return radius * radius * 3.14159
36      }
37
38      func printArea() {
39          print("圓面積: \(getArea())")
40      }
41  }
42
43  class limitedCircle: Circle {
44      override var radius: Double {
45      get {
46          return super.radius
47      }
48      set {
49          super.radius = min(newValue, 100)
50      }
51      }
52  }
53
54  let limitedObject = limitedCircle()
55  limitedObject.setData(a: 30, b: 30)
56  limitedObject.printData()
57  limitedObject.radius = 120
58  print("Limited circle's radius: \(limitedObject.radius)")
59  print("")
60
61  limitedObject.setData(a: 20, b: 40)
62  limitedObject.printData()
63  limitedObject.radius = 60
64  print("Limited circle's radius: \(limitedObject.radius)")
```

輸出結果

```
x=30, y=30
radius: 10.0
Limited circle's radius: 100.0
```

```
x=20, y=40
radius: 100.0
Limited circle's radius: 60.0
```

有關 Point、Circle 以及 limitedCircle 的關係示意圖，如下所示：

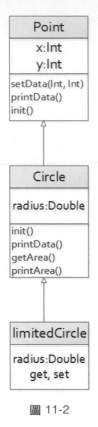

圖 11-2

以下是利用覆蓋存取屬性來設定 limitedCircle 的半徑（第 43-52 行）。在 limitedCircle 中，覆蓋父類別 Circle 的 radius，其半徑不可以大於 100，其片段程式下：

```
class limitedCircle: Circle {
    override var radius: Double {
    get{
        return super.radius
    }
    set {
        super.radius = min(newValue, 100)
```

```
        }
    }
}
```

當程式執行

```
limitedObject.radius = 120
```

將會呼叫 set 方法，將 120 給 newValue，然後取兩者中最小的值，所以結果是 100。當呼叫

```
print("Limited circle's radius: \(limitedObject.radius)")
```

將會呼叫 get 方法，以回傳 super.radius。注意，因為被子類別所繼承的計算型存取屬性是未知的，它僅知道繼承來的屬性有某一名稱和型態，所以必須要使用 super。

此時 Circle 類別的 radius 已為 100，接下來將 radius 設定為 60，再次與 100 比較，並取最小值。

11.3.3 覆蓋屬性的觀察者

接下來討論如何覆蓋屬性的觀察者。此次我們定義一新的類別 Cylinder。它的父類別是 Circle 類別。在 Cylinder 類別中覆蓋了屬性的觀察者 didSet 以及 printData 方法。利用覆蓋的屬性以計算圓柱體的高度。完整的程式如下所示：

範例程式

```
01  // override property observers
02  class Point {
03      var x: Int
04      var y: Int
05
06      func setData(a: Int, b: Int) {
07          x = a
08          y = b
09      }
10
11      func printData() {
12          print("x=\(x), y=\(y)")
```

```
13          }
14
15      init() {
16          x = 0
17          y = 0
18      }
19  }
20
21  class Circle: Point {
22      var radius: Double
23
24      override init() {
25          radius = 10
26          super.init()
27      }
28
29      override func printData() {
30          super.printData()
31          print("radius: \(radius)")
32      }
33
34      func getArea() ->Double {
35          return radius * radius * 3.14159
36      }
37
38      func printArea() {
39          print("圓面積: \(getArea())")
40      }
41  }
42
43  class clyinder: Circle {
44      var height = 1.0
45
46      override var radius: Double {
47      didSet {
48          height = (radius / 10)
49      }
50      }
51
```

```
52        func getVolume() -> Double {
53            return radius * radius * 3.14159 * height
54        }
55
56        func printVolume() {
57            print("圓柱體體積: \(getVolume())")
58        }
59
60        override func printData() {
61            super.printData()
62            print("height: \(height)")
63        }
64    }
65
66    let clylinderObject = clyinder()
67    print("cylinderObject.radius: \(clylinderObject.radius)")
68    clylinderObject.radius = 20
69    print("cylinderObject.radius: \(clylinderObject.radius)")
70    clylinderObject.printData()
71    clylinderObject.printVolume()
```

輸出結果

```
cylinderObject.radius: 10.0
cylinderObject.radius: 20.0
x=0, y=0
radius: 20.0
height: 2.0
圓柱體體積: 2513.272
```

Point、Circle 以及 Cylinder 類別的關係圖，如下所示：

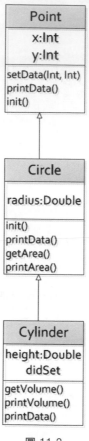

圖 11-3

Cylinder 類別自訂 height 屬性（第 44 行）及 getVolume（第 52-54 行）與 printVolume（第 56-58 行）。程式中的 didSet（第 47-49 行）是在 radius 儲存 radius 後執行，所以已有 radius 值。還記得屬性的觀察者還有一個區段是 willSet，它是在值儲存前執行的。其實 Cylinder 類別的 radius 是繼承 Circle 而來的，本身沒有自訂。

若要防止類別、方法和屬性被覆蓋，可以在這些項目前加上 final。若將上一範例程式的 Circle 類別及在其屬性 radius 前加上 final，如以下程式所示：

```
21   final class Circle: Point {
22       final var radius: Double
23
24       override init() {
25           radius = 10
26           super.init()
27       }
28
29       override func printData() {
30           super.printData()
31           print("radius: \(radius)")
32       }
33
34       func getArea() ->Double {
35           return radius * radius * 3.14159
36       }
37
38       func printArea() {
39           print("圓面積: \(getArea())")
40       }
```

其中第 21~22 行加上 final，此時 Cylinder 類別就無法繼承 Circle 類別。同樣
地，radius 也不可以被繼承。

自我練習題

1. 以下的程式皆有 bugs，請你幫忙 debug 一下，順便練一下功力。

   (a)

```swift
class Point {
    var x: Int
    var y: Int

    func setData(a: Int, b: Int) {
        x = a
        y = b
    }

    func printData() {
        print("x=\(x), y=\(y)")
    }

    init(a: Int, b: Int) {
        x = a
        y = b
    }
}

let pointObject = Point(a: 0, b: 0)
pointObject.setData(10, 20)
pointObject.printData()
```

   (b)

```swift
class Point {
    var x: Int
    var y: Int

    func setData(a: Int, b: Int) {
        x = a
        y = b
    }

    func printData() {
        print("x=\(x), y=\(y)")
    }

    init() {
        x = 0
```

```
        y = 0
    }
}

class Circle: Point {
    var radius: Double

    init() {
        radius = 10.0
        super.init()
    }

    func printData() {
        printData()
        print("radius: \(radius)")
    }

    func getArea() -> Double {
        return radius * radius * 3.14159
    }

    func printArea() {
        print("圓面積: \(getArea())")
    }
}

let circleObject = Circle()
circleObject.setData(20, b: 20)
circleObject.printData()
circleObject.printArea()
```

(c)

```
class Point {
    var x: Int
    var y: Int

    func setData(a: Int, b: Int) {
        x = a
        y = b
    }

    func printData() {
        print("x=\(x), y=\(y)")
    }
```

```
    init() {
        x = 0
        y = 0
    }
}

class Circle: Point {
    var radius: Double

    init() {
        radius = 10.0
        super.init()
    }

    override func printData() {
        super.printData()
        print("radius: \(radius)")
    }

    func getArea() -> Double {
        return radius * radius * 3.14159
    }

    func printArea() {
        print("圓面積: \(getArea())")
    }
}

class limitedCircle {
    var radius: Double {
    get{
        return super.radius
    }

    set {
        super.radius = min(newValue, 100)
    }
    }
}

let limitedObject = limitedCircle()
limitedObject.setData(30, b: 30)
limitedObject.printData()
```

```
limitedObject.radius = 120
print("Limited circle's radius: \(limitedObject.radius)")

limitedObject.setData(20, b: 40)
limitedObject.printData()
limitedObject.radius = 60
print("Limited circle's radius: \(limitedObject.radius)")
```

(d)

```
class Point {
    var x: Int
    var y: Int

    func setData(a: Int, b: Int) {
        x = a
        y = b
    }

    final func printData() {
        print("x=\(x), y=\(y)")
    }

    init() {
        x = 0
        y = 0
    }
}

class Circle: Point {
    final var radius: Double

    override init() {
        radius = 10
        super.init()
    }

    override func printData() {
        super.printData()
        print("radius: \(radius)")
    }

    func getArea() -> Double {
        return radius * radius * 3.14159
    }
```

```
    func printArea() {
        print("圓面積: \(getArea())")
    }
}

class clyinder: Circle {
    var height = 1.0

    override var radius: Double {
    didSet {
        height = (radius / 10)
    }
    }

    func getVolume() -> Double {
        return radius * radius * 3.14159 * height
    }

    func printVolume() {
        print("圓柱體體積: \(getVolume())")
    }

    override func printData() {
        super.printData()
        print("height: \(height)")
    }
}

let clylinderObject = clyinder()
print("cylinderObject.radius: \(clylinderObject.radius)")
clylinderObject.radius = 20
print("cylinderObject.radius: \(clylinderObject.radius)")
clylinderObject.printData()
clylinderObject.printVolume()
```

初始與收尾

初始(initialization)是設定類別、結構以及列舉成員值的過程。而收尾 (deinitialization)則是在類別實例回收 (deallocated) 前所執行的動作。

12.1 初始

當建立一類別或結構的物件,將會呼叫初始器 (initializer) 用以初始變數值。 Swift 的初始器是以 init 為關鍵字表示之,而且此方法可帶參數,也可以不帶 參數,視問題而定。如下一範例程式所示:

📋 範例程式

```
01   // initialization
02   class Score {
03       var yourScore: Double
04       init() {
05           yourScore = 60
06       }
07   }
08
09   let scoreObj = Score()
10   print("Yours score is \(scoreObj.yourScore)")
```

📋 輸出結果

```
Yours score is 60.0
```

當建立 scoreObj 時，將自動呼叫 init() 函式將 yourScore 初始設定為 60，注意輸出結果是 60.0, 因為其型態為 Double。也可以不使用 init 函式，而是使用預設屬性值，直接在定義變數時就加以設定其初值，如下所示：

範例程式

```
01   class Score {
02       var yourScore = 60
03   }
04
05   let scoreObj = Score()
06   print("Yours score is \(scoreObj.yourScore)")
```

輸出結果同上。

這兩種方式視個人的喜好而定。接下來，我們來看初始器有帶參數的情形，如下所示：

範例程式

```
01   // initialization prarmeter
02   // local and external prarmeter
03   class Kilometer {
04       var kilo: Double
05       init(fromMile mile: Double) {
06           kilo = mile * 1.6
07       }
08       init(fromKilometer km: Double) {
09           kilo = km
10       }
11   }
12
13   var runner = Kilometer(fromMile: 96)
14   print("You run \(runner.kilo) kilometer")
15
16   runner = Kilometer(fromKilometer: 150)
17   print("You run \(runner.kilo) kilometer")
```

📑 輸出結果

```
You run 153.6 kilometer
You run 150.0 kilometer
```

程式中有外部參數名稱，分別是 fromMile 和 fromKilometer。使用外部參數名稱能提高可讀性。其實您也不必為初始器加上外部參數名稱，因為 Swift 對初始器的每一參數皆預設為外部參數名稱。只是此處為了更易了解所處理的事項，特地加上額外的外部參數名稱。注意，當您建立物件並加以初始時，沒有寫上外部參數名稱將會產生錯誤訊息。如將

```
var runner = Kilometer(fromMile: 96)
```

寫成

```
var runner = Kilometer(96)
```

將會產生錯誤的訊息。

再來看一個印出螢幕解析度的範例，如下所示：

📑 範例程式

```
01 │  class Resolution {
02 │      var width = 0, height = 0
03 │      init(width: Int, height: Int) {
04 │          self.width = width
05 │          self.height = height
06 │      }
07 │  }
08 │
09 │  let monitor = Resolution(width: 1024, height: 768)
10 │  print("My monitor resolutions: \(monitor.width) * \(monitor.height)")
```

📑 輸出結果

```
My monitor resolutions: 1024 * 768
```

其中 init 函式的參數名稱 width 與 height 皆視為外部參數名稱，所以建立 monitor 物件時，要將外部參數名稱標示出來，否則將會得到錯誤的訊息。值得一提的是在 init 函式主體的 self 表示該物件，由於 init 函式內的參數與物

件本身的屬性變數使用相同的名稱，所以加上 self 是很重要的，因為這樣才有辦法分辨是屬於物件本身的，還是屬於參數的。Swift 的 self 如同 Objective-C 的 self，並類似其它語言，如 C++ 與 Java 的 this。

當屬性是選項型態時，此時的預設值是 nil。這是很重要的概念，凡是要指定 nil 給變數時，此變數的先決條件必須是選項的型態。當遇到此問題時，我們再加以提醒您。此處以範例顯示選項型態的變數其初始預設值。

範例程式

```
01  // optional property
02  class Fruits {
03      var fruitName: String
04      var theBest: Bool?
05      init(name: String) {
06          fruitName = name
07      }
08  }
09
10  var myFruit = Fruits(name: "Mango")
11  print("I want to buy some \(myFruit.fruitName)es")
12  print("\(myFruit.fruitName)是我的最愛？ \(myFruit.theBest)")
13
14  myFruit.theBest = true
15  print("\(myFruit.fruitName)是我的最愛？ \(myFruit.theBest!)")
```

輸出結果

```
I want to buy some Mangoes
Mango 是我的最愛？ nil
Mango 是我的最愛？ true
```

上例程式可將 class 改為 struct，執行結果也是一樣的，因為結構和類別都可以使用初始器來設定其初值。

我們也從 myFruit.theBest 輸出結果得知，theBest 選項型態變數的初始值是 nil。可直接在程式中指定 true 給此選項型態變數。

若不是使用 init 的初始器來設定初始值，而是使用預設初始值，如下一範例程式所示：

📑 範例程式

```
01   class Fruits {
02       var fruitName = "Mango"
03       var theBest: Bool?
04   }
05
06   var myFruit = Fruits()
07   print("I want to buy some \(myFruit.fruitName)es")
08   print("\(myFruit.fruitName)是我的最愛？ \(myFruit.theBest)")
09
10   myFruit.theBest = true
11   print("\(myFruit.fruitName)是我的最愛？ \(myFruit.theBest!)")
```

輸出結果和上一範例程式是一樣的。

若程式中沒有初始器也沒有預設值時，在結構與類別中應如何初始這些屬性值呢? 我們先來看結構應如何處理。程式如下所示：

📑 範例程式

```
01   struct Fruits {
02       var fruitName: String
03       var theBest: Bool?
04   }
05
06   var myFruit = Fruits(fruitName: "mango", theBest: false)
07   print("I want to buy some \(myFruit.fruitName)es")
08   print("\(myFruit.fruitName)是我的最愛？ \(myFruit.theBest!)")
09
10   myFruit.theBest = true
11   print("\(myFruit.fruitName)是我的最愛？ \(myFruit.theBest!)")
```

📑 輸出結果

```
I want to buy some Mangoes
mango 是我的最愛？ false
mango 是我的最愛？ true
```

若將上述程式的 struct 改為 class，則會有錯誤的訊息。因為類別的屬性初始的只能以 init 初始器或是以預設值來設定。

12.2 類別的繼承與初始

繼承是類別所獨有的,也因此在初始的動作上較複雜,但不難。請看以下的說明。

12.2.1 指定初始器與便利初始器

所在未舉範例前我們先來解釋幾個名詞,一為指定初始器 (designated initialize) ,它是類別主要的初始器,也就是說每一類別皆至少有一個指定初始器,用以指定類別中有關屬性值。二為便利初始器(convenience initializer),它是類別第二種或稱支援型的初始器,可以藉由呼叫指定初始器來設定預設值。

在一般的初始器連結中,Swift 以下列三種規則應用於初始器之間:

規則一:指定初始器必須直接呼叫其父類別的指定初始器。

規則二:便利初始器必須在同一類別中呼叫另一初始器。

規則三:便利初始器必須呼叫指定初始器來結束。

所以簡單的說,指定初始器是往上呼叫的,而便利初始器則是平行的呼叫。其示意圖如下所示:

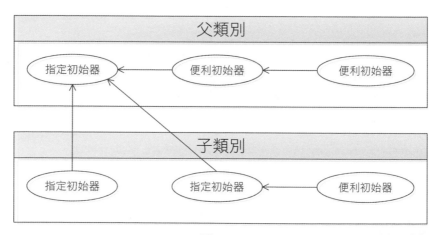

圖 12-1

在父類別中有一個指定初始器,二個便利初始器。一個便利初始器呼叫另一個便利初始器,然後再呼叫指定初始器,這符合上述的規則二與三,因為此父類別沒有父類別所以沒有進一步的呼叫指定初始器,所以沒有應用規則一。

而在子類別中有二個指定初始器,一個便利初始器。一個便利初始器呼叫其中一個指定初始器,這符合上述的規則二與三,然後這兩個指定初始器呼叫必須呼叫父類別的指定初始器,所以它也符合規則一。

較複雜的示意圖如下:

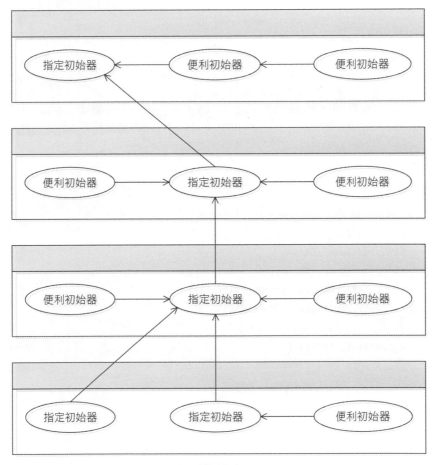

圖 12-2

無論有多複雜,可看出指定初始器是往上呼叫的,而便利初始器是平行呼叫的,這一點要特別注意。

12.2.2 語法與範例

指定初始器的語法如下：

```
init(parameters) {
    statements
}
```

而便利初始器的語法，只要在指定初始器前加上 convenience 關鍵字就是了。

```
convenience init(parameters) {
    statements
}
```

大家要注意一個原則，那就是便利初始器會呼叫指定初始器。因此，在便利初始器裏會呼叫指定初始器。而在指定初始器中會呼叫其父類別的指定初始器，請看以下的範例程式：

範例程式

```
01 | // designated and convience initializer
02 | class Fruits {
03 |     var fruitName: String
04 |     init(fruitName: String) {
05 |         print("call designated initializer")
06 |         self.fruitName = fruitName
07 |     }
08 |     convenience init() {
09 |         print("call convenience initializer")
10 |         self.init(fruitName: "Apple")
11 |     }
12 | }
13 |
14 | let yoursFruits = Fruits()
15 | print("\(yoursFruits.fruitName)")
16 |
17 | print("\n")
18 | let myFruits = Fruits(fruitName: "Mango")
19 | print("\(myFruits.fruitName)")
```

📑 輸出結果

```
call convenience initializer
call designated initializer
Apple

call designated initializer
Mango
```

有關指定初始器與便利初始器的示意圖如下：

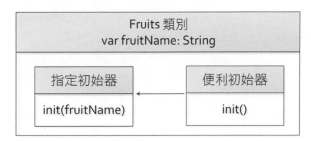

圖 12-3

當我們建立 myFruits 常數名稱時，

```
let myFruits = Fruits(fruitName: "Mango")
```

此會呼叫指定初始器，而建立 yoursFruits 常數名稱時，

```
let yoursFruits = Fruits()
```

將會呼叫便利初始器。這符合上述的規則二與規則三。以下舉一個有父類別與子類別之間初始化的過程，建議您將程式中的指定初始器與便利初始器之間的關係，以示意圖表示，您可以很快的看出其答案。

📑 範例程式

```
01   // class inheritance and initialization
02   class Fruits {
03       var fruitName: String
04       init(fruitName: String) {
05           print("call Fruits designated initializer")
06           self.fruitName = fruitName
07       }
08
```

```
09        convenience init() {
10            print("call Fruits convenience initializer")
11            self.init(fruitName: "Apple")
12        }
13    }
14
15    class FavoriteFruits: Fruits {
16        var numbers: Int
17        init(favoriteFruits: String, numbers: Int) {
18            self.numbers = numbers
19            print("call FavoriteFruits designated initializer")
20            super.init(fruitName: favoriteFruits)
21        }
22
23        override convenience init(fruitName: String) {
24            print("call FavoriteFruits convenience initializer")
25            self.init(favoriteFruits: fruitName, numbers: 1)
26        }
27    }
28
29    let appleObject = FavoriteFruits()
30    print("\(appleObject.fruitName): \(appleObject.numbers)")
31
32    let orangeObject = FavoriteFruits(fruitName: "Orange")
33    print("\(orangeObject.fruitName): \(orangeObject.numbers)")
34
35    let bananaObject = FavoriteFruits(favoriteFruits: "Banana", numbers: 8)
36    print("\(bananaObject.fruitName): \(bananaObject.numbers)")
```

輸出結果

```
call Fruits convenience initializer
call FavoriteFruits convenience initializer
call FavoriteFruits designated initializer
call Fruits designated initializer
Apple: 1
call FavoriteFruits convenience initializer
call FavoriteFruits designated initializer
call Fruits designated initializer
Orange: 1
```

```
call FavoriteFruits designated initializer
call Fruits designated initializer
Banana: 8
```

有關父類別與子類別的指定初始器與便利初始器之示意圖如下：

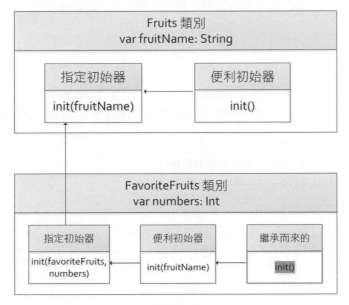

圖 12-4

我們特定在每一個初始器中加一行輸出敘述，以知其運作流程，當建立 appleObject 物件時（第 29 行），由於它沒有自訂無參數的便利初始器，從示意圖得知，將會先呼叫其父類別 Fruits 的便利初始器（第 9 行），接著是子類別 FavoriteFruits 的便利初始器（第 23 行），然後是子類別 FavoriteFruits 的指定初始器（第 17 行），最後是父類別的指定初始器（第 4 行）。從執行結果

```
call Fruits convenience initializer
call FavoriteFruits convenience initializer
call FavoriteFruits designated initializer
call Fruits designated initializer
Apple: 1
```

得以驗證之。

而當建立 orangeObject 物件時（第 32 行），從示意圖得知，將會先呼叫子類別 FavoriteFruits 的便利初始器（第 23 行），接著是子類別的指定初始器（第 17 行），最後是父類別的指定初始器（第 4 行）。從執行結果

```
call FavoriteFruits convenience initializer
call FavoriteFruits designated initializer
call Fruits designated initializer
Orange: 1
```

得以驗證之。

最後建立 bananaObject 物件時（第 35 行），從示意圖得知，將會先呼叫子類別的指定初始器（第 17 行），然後是父類別的指定初始器（第 4 行）。從執行結果

```
call FavoriteFruits designated initializer
call Fruits designated initializer
Banana: 8
```

得以驗證之。我們再擴充上一範例來加以說明。

📑 範例程式

```
01   class Fruits {
02       var fruitName: String
03       init(fruitName: String) {
04           print("call Fruits designated initializer\n")
05           self.fruitName = fruitName
06       }
07
08       convenience init() {
09           print("call Fruits convenience initializer")
10           self.init(fruitName: "Apple")
11       }
12   }
13
14   class FavoriteFruits: Fruits {
15       var numbers: Int
16       init(favoriteFruits: String, numbers: Int) {
17           print("call FavoriteFruits designated initializer")
18           self.numbers = numbers
19           super.init(fruitName: favoriteFruits)
```

```
20        }
21
22        override convenience init(fruitName: String) {
23            print("call FavoriteFruits convenience initializer")
24            self.init(favoriteFruits: fruitName, numbers: 1)
25        }
26    }
27
28    class MaryShoppingList : FavoriteFruits {
29        var information: String {
30        get {
31            let output = "\(numbers) x \(fruitName)"
32            return output
33        }
34        }
35    }
36
37    var fruitList = [MaryShoppingList(),
38        MaryShoppingList(fruitName: "Guava"),
39        MaryShoppingList(favoriteFruits: "Kiwi", numbers: 3)]
40
41    for item in fruitList {
42        print(item.information)
43    }
```

輸出結果

```
call Fruits convenience initializer
call FavoriteFruits convenience initializer
call FavoriteFruits designated initializer
call Fruits designated initializer

call FavoriteFruits convenience initializer
call FavoriteFruits designated initializer
call Fruits designated initializer

call FavoriteFruits designated initializer
call Fruits designated initializer

1 x Apple
1 x Guava
3 x Kiwi
```

範例程式中父類別與子類別的指定初始器與便利初始器關係示意圖如下：

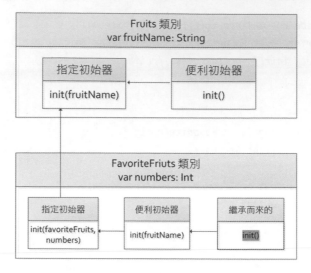

圖 12-5

類別 MaryShoppingList 繼承 FavoriteFruits 類別（第 28 行），所以子類別 MaryShoppingList 可使用父類別 FavoriteFruits 的所有特性。而在子類別 MaryShoppingLis 中只增加 information 屬性的 get（第 30-33 行），如下所示：

```swift
class MaryShoppingList : FavoriteFruits {
    var information: String {
    get {
        var output = "\(numbers) x \(fruitName)"
        return output
    }
    }
}
```

接著定義一 fruitList 陣列，然後利用 for-in 迴圈將陣列的元素一一印出。

12.3　收尾

在類別實例回收前將會呼叫收尾器 (deinitializer)。收尾器只用於類別而已。一般用 deinit 來告知這是收尾器。收尾器不加任何參數，所以沒有小括號。其語法如下：

```
deinit {
    statements
}
```

Swift 的初始器類似 C++的建構方法(constructor)，而收尾器類似解構方法 (destructor)。在父類別與子類別有關收尾器的步驟是，子類別會先處理，再處理父類別收尾器。我們以範例程式來說明會較清楚明白。

📳 範例程式

```
01    //deinitializer
02    class Fruits {
03        var fruitName: String
04        init(fruitName: String) {
05            self.fruitName = fruitName
06        }
07        func display() {
08            print("I buy some \(fruitName)s")
09        }
10        deinit {
11            print("Executing deinitializer")
12        }
13    }
14
15    var oneObject2: Fruits? = Fruits(fruitName: "Kiwi")
16    oneObject2!.display()
17    oneObject2 = nil
```

📳 輸出結果

```
I buy some Kiwis
Executing deinitializer
```

程式中定義 oneObject2 是 Fruits? 的型態，這樣才可以指定 nil 給 oneObject2。否則無法運作。當程式執行第 17 行時，才執行收尾器，並將此變數回收。

自我練習題

1. 以下程式有些許的 bugs，請你來挑戰。

(a)

```swift
class Kilometer {
    var kilo: Double
    init(fromMile mile: Double) {
        kilo = mile * 1.6
    }

    init(fromKilometer km: Double) {
        kilo = km
    }
}

var runner = Kilometer(mile: 96)
print("You run \(runner.kilo) kilometer")

runner = Kilometer(km: 150)
print("You run \(runner.kilo) kilometer")
```

(b)

```swift
class Fruits {
    var fruitName: String
    var theBest: Bool?
}

var myFruit = Fruits(fruitName: "Mango", theBest: true)
print("I want to buy some \(myFruit.fruitName)es")
print("\(myFruit.fruitName)是我的最愛？ \(myFruit.theBest)")
```

(c)

```swift
class Fruits {
    var fruitName: String
    init(fruitName: String) {
        fruitName = self.fruitName
    }

    init() {
        self.init(fruitName: "Apple")
    }
}
```

```
}

let myFruits = Fruits(fruitName: "Mango")
print("call designated initializer: \(myFruits.fruitName)")

let yoursFruits = Fruits()
print("call convenience initializer: \(yoursFruits.fruitName)")
```

(d)

```
class Fruits {
    var fruitName: String
    init(fruitName: String) {
        println("call Fruits designated initializer")
        self.fruitName = fruitName
    }

    convenience init() {
        print("call Fruits convenience initializer")
        self.init(fruitName: "Apple")
    }
}

class FavoriteFruits: Fruits {
    var numbers: Int
    init(favoriteFruits: String, numbers: Int) {
        self.numbers = numbers
        print("call FavoriteFruits designated initializer")
        super.init(fruitName: favoriteFruits)
    }

    convenience init(fruitName: String) {
        print("call FavoriteFruits convenience initializer")
        self.init(favoriteFruits: fruitName, numbers: 1)
    }
}

let appleObject = FavoriteFruits()
print("\(appleObject.fruitName): \(appleObject.numbers)")

let orangeObject = FavoriteFruits(fruitName: "Orange")
print("\(orangeObject.fruitName): \(orangeObject.numbers)")

let bananaObject = FavoriteFruits(favoriteFruits: "Banana", numbers: 8)
print("\(bananaObject.fruitName): \(bananaObject.numbers)")
```

(e)

```swift
class Fruits {
    var fruitName: String
    init(fruitName: String) {
        self.fruitName = fruitName
    }
    func display() {
        print("I buy some \(fruitName)s")
    }
    deinit {
        print("Executing deinitializer")
    }
}

var oneObject2: Fruits = Fruits(fruitName: "Kiwi")
oneObject2.display()
oneObject2 = nil
```

自動參考計數

自動參考計數 (Automatic Reference Counting, ARC) 我實在太愛妳了。因為有撰寫過 iPhone App 的人都有受過記憶體不足而當機的經驗。在未有 ARC時，程式設計師主要的任務之一，就是要負責所有物件參考計數的問題，如今這個惡夢已結束，取而代之的是系統自動化的來幫你處理參考計數的問題，所以現在撰寫 iPhone 的 App 真是幸福多了，所以您還在猶豫什麼，動手吧！

當類別出現參考循環時，會出現無法釋還的結果，因此必須採取一些機制來解決。這些機制是本章將探討的主題。我們將配合示意圖來加以解說。

13.1　自動參考計數如何運作

為了能清楚知道自動參考計數是如何運作，我們以一範例來說明，程式如下所示：

📑 範例程式

```
01   // Automatic Reference Count(ARC)
02   class Book {
03       let author: String
04       let bookName: String
05       init(author: String, bookName: String) {
06           self.author = author
07           self.bookName = bookName
```

```
08          }
09      deinit {
10          print("\(bookName) is being deinitialized")
11      }
12  }
13
14  var bookObj1: Book?
15  var bookObj2: Book?
16  var bookObj3: Book?
17
18  bookObj1 = Book(author: "蔡明志", bookName: "學會 Swift 程式設計的 21 堂課")
19  bookObj2 = bookObj1
20  bookObj3 = bookObj1
21
22  print("\( bookObj1!.bookName): 作者是 \(bookObj1!.author)")
23  print("\( bookObj2!.bookName): 作者是 \(bookObj2!.author)")
24  print("\( bookObj3!.bookName): 作者是 \(bookObj3!.author)")
25
26  bookObj1 = nil
27  bookObj2 = nil
28  bookObj3 = nil
```

📑 輸出結果

```
學會 Swift 程式設計的 21 堂課 : 作者是 蔡明志
學會 Swift 程式設計的 21 堂課 : 作者是 蔡明志
學會 Swift 程式設計的 21 堂課 : 作者是 蔡明志
學會 Swift 程式設計的 21 堂課 is being deinitialized
```

程式第 2 行先定義一類別 Book，它除了有初始器（第 5-8 行）和收尾器（第 9-11 行）外，還定義了 author（第 3 行）與 bookName 常數名稱（第 4 行）。收尾器主要的任務是印出訊息讓大家知道有執行收尾器而已。

接下來定義三個 Book? 選項型態的變數，分別為 bookObj1、bookObj2 以及 bookObj3（第 14-16 行）。然後將 Book 的實例指定給 bookObj1（第 18 行），再將此指定給 bookObj2 與 bookObj3（第 19-20 行）。程式直到將這三個變數都指定為 nil 後才會執行 deinit（第 26-28 行）。從輸出結果可驗證之。

13.2　類別實例之間的強勢參考循環

當程式的一類別與另一類別相互參考時，這時彼此類別實例都握有強勢參考 (strong reference)到對方，使得每一實例讓對方的實例保持活的狀態，這就是所謂的強勢參考循環(strong reference cycle)。

我們以一範例來說明。假設有一類別 Person,，它有一變數名稱 department，其型態是 Department? 選項型態（第 7 行）。而在 Department 類別中也有一變數名稱 director，其型態為 Person? 選項型態（第 19 行）。我們知道類別實例的參考預設是強勢參考。所以此時將會形成強勢參考循環。程式如下所示：

📑 範例程式

```
01  // strong reference
02  class Person {
03      let name: String
04      init(name: String) {
05          self.name = name
06      }
07      var department: Department?
08
09      deinit {
10          print("\(name) is being deinitialized")
11      }
12  }
13
14  class Department {
15      let departName: String
16      init(departName: String) {
17          self.departName = departName
18      }
19      var director: Person?
20
21      deinit {
22          print("Department of \(departName) is being deinitialized")
23      }
24  }
25
26  var peter: Person?
```

```
27   var cs: Department?
28   peter = Person(name: "Peter")
29   cs = Department(departName: "Computer Science")
30
31   peter!.department = cs
32   cs!.director = peter
33
34   print("\(peter!.name) is in \(peter!.department!.departName)")
35   print("Director of \(peter!.department!.departName)", terminator: "")
36   print(" is \(peter!.department!.director!.name)")
37
38   peter = nil
39   cs = nil
```

📑 輸出結果

```
Peter is in Computer Science
Director of Computer Science is Peter
```

程式中的第 26~27 行

```
var peter: Person?
var cs: Department?
```

皆屬於選項型態的變數，預設初始值是 nil。接著第 28~29 行建立這兩個類別的實例如下：

```
peter = Person(name: "Peter")
cs = Department(departName: "Computer Science")
```

這兩個敘述所對應的圖形為：

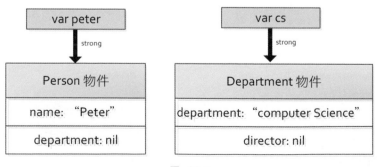

圖 13-1

並將 cs 指定給 peter 的 department(第 31 行)，以及將 peter 指定給 cs 的 director(第 32 行)。如下所示：

```
peter!.department = cs
cs!.director = peter
```

注意，要使用！表示確有此實例，因為它們都是選項的型態，可以為 nil 或有資料。此時的示意圖如下：

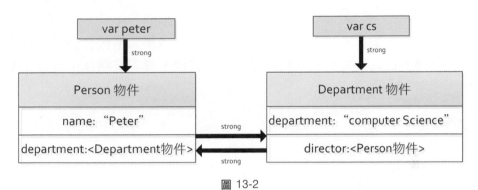

圖 13-2

您應該可以很清楚的看出兩個實例彼此之間都被 strong 參考所纏住。

即使程式中第 38~39 行將這兩個實例指定為 nil，

```
peter = nil
cs = nil
```

雖然此時的 peter 和 cs 指向空的，但它們還是無法回收，因為每一實例都有 strong 參考指向對方的實例。其示意圖如下所示：

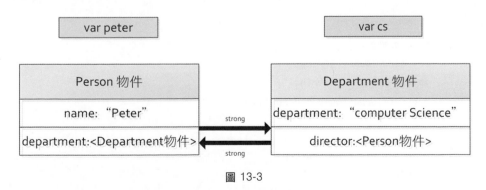

圖 13-3

也因此程式根本沒有執行收尾器。請對照輸出結果。

13.3 解決類別實例之間強勢參考循環的方法

我們從上一範例得知，強勢參考循環無法啟動收尾器，所以無法回收不再使用的記憶體空間。要如何解決此一問題呢？我們有二種機制可解決。計有弱勢參考(weak reference)及無主參考(unowned reference)。以下我們將一一的探討，並配合圖形加以解說。

13.3.1 弱勢參考

由於強勢參考循環會造成無法回收不再使用的記憶體，所以我們必須將其中一個強勢參考改為弱勢參考，使得兩個類別實例不會相互纏住，請看以下的範例。

📱 範例程式

```
01  // weak reference
02  class Person {
03      let name: String
04      init(name: String) {
05          self.name = name
06      }
07
08      var department: Department?
09      deinit {
10          print("\(name) is being deinitialized")
11      }
12  }
13
14  class Department {
15      let departName: String
16      init(departName: String) {
17          self.departName = departName
18      }
19
20      weak var director: Person?
21      deinit {
22          print("Department of \(departName) is being deinitialized")
23      }
24  }
```

```
25
26    var peter: Person?
27    var cs: Department?
28    peter = Person(name: "Peter")
29    cs = Department(departName: "Computer Science")
30
31    peter!.department = cs
32    cs!.director = peter
33
34    print("\(peter!.name) is in \(peter!.department!.departName)")
35    print("Director of \(peter!.department!.departName)", terminator: "")
36    print(" is \(peter!.department!.director!.name)")
37
38    peter = nil
39    cs = nil
```

輸出結果

```
Peter is in Computer Science
Director of Computer Science is Peter
Peter is being deinitialized
Department of Computer Science is being deinitialized
```

其實這一範例程式和上一範例程式幾乎一樣，只是將 Department 中的 director 改為弱勢參考而已(第 20 行)。程式中

```
var peter: Person?
var cs: Department?
```

皆屬於選項型態的變數，預設初始值是 nil。接著建立這兩個類別的實例如下：

```
peter = Person(name: "Peter")
cs = Department(departName: "Computer Science")
```

然後將 cs 指定給 peter 的 department(第 31 行)，以及將 peter 指定給 cs 的 director(第 32 行)。如下所示：

```
peter!.department = cs
cs!.director = peter
```

注意，要使用！表示確有此實例，因為它們都是選項的型態，可以為 nil 或其它。

由於 cs.director 是弱勢參考到 Person 類別的實例，所以此時的示意圖如下：

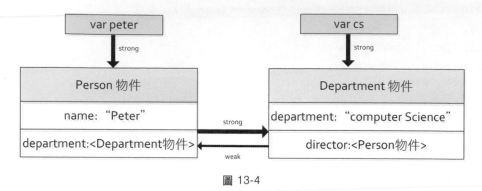

圖 13-4

您應該可以很清楚的看出 peter 設為 nil 時，此時已沒有強勢參考到 Person 的實例，所以將會印出以下結果：

```
Peter is being deinitialized
```

其示意圖如下：

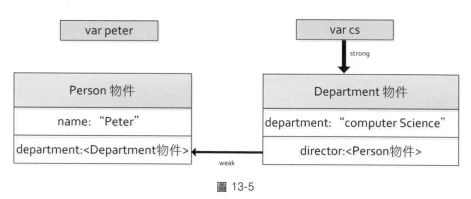

圖 13-5

因此，可將此實例回收所以此時就可以將其回收。此時只剩下弱勢參考指向 Department。

當我們將 cs 指定為 nil 時，因為沒有強勢參考到 Department 的實例，所以程式這時就可以執行收尾器，此時的輸出結果如下：

```
Department of Computer Science is being deinitialized
```

13.3.2 無主參考

其實無主參考(unowned reference)和弱勢參考一樣，都沒有強勢參考指向彼
此。不同之處是無主參考假設皆有值，而不是選項的型態，可有可無。例如
以下的範例程式是某一人可能有投保中信保險，但保單號碼一定對應一個
人。範例程式如下：

範例程式

```
01   // unowned reference
02   class Person {
03       let name: String
04       var insurance: CTInsurance?
05       init(name: String) {
06           self.name = name
07       }
08       deinit {
09           print("\(name) is being deinitialized")
10       }
11   }
12
13   class CTInsurance {
14       let number: Int
15       unowned let person: Person
16
17       init(number: Int, person: Person) {
18           self.number = number
19           self.person = person
20       }
21       deinit {
22           print("insurance of \(number) is being deinitialized")
23       }
24   }
25
26   var peter: Person?
27   peter = Person(name: "Peter")
28   peter!.insurance = CTInsurance(number: 122789356, person: peter!)
29   print("name: \(peter!.name)")
30   print("number: \(peter!.insurance!.number)")
```

```
31
32    peter = nil
```

輸出結果

```
name: Peter
number: 122789356
Peter is being deinitialized
insurance of 122789356 is being deinitialized
```

程式中的

```
var peter: Person?
```

是屬於選項型態的變數，預設初始值是 nil。

接著建立 Person 類別的實例如下：

```
peter = Person(name: "Peter")
peter!.insurance = CTInsurance(number: 122789356, person: peter!)
```

由於 Person 有一強勢參考指向 CTInsurance 實例（第 4 行），而 CTInsurance 實例有一無主參考指向 Person 實例（第 15 行），因此其示意圖如下：

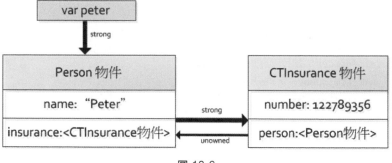

圖 13-6

當 peter 設為 nil 時（第 32 行），此時已沒有強勢參考到 Person 的實例，示意圖如下：

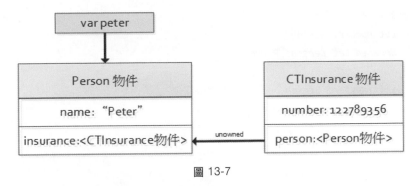

圖 13-7

因此，可將此 Person 實例回收，此時的輸出結果如下：

```
Peter is being deinitialized
```

CTInsurance 實例也沒有強勢參考指向它，所以也跟著回收了。此時的輸出結果如下：

```
insurance of 122789356 is being deinitialized
```

13.3.3 無主參考與隱含的解開選項屬性

除了上述兩種劇情外，還有一種劇情是每一個屬性都有值不會是 nil。例如以下的範例程式，每個人都有身份證號碼，而身份證號碼一定是屬於某一個人所擁有。在 Person 類別有一人名和 id，而且 id 是 ID 類別型態的常數名稱，注意 ID 後面加上!，表示它一定有資料。在初始器中，有兩個參數，一為 name，二為 idNumber，其中 idNumber 做為指定給 ID 的 number，而 self 指定給 ID 的 person。程式如下所示：

📑 範例程式

```
01   // unowned and unwrapped property
02   class Person {
03       let name: String
04       var id: ID!
05       init(name: String, idNumber: String) {
06           self.name = name
07           self.id = ID(number: idNumber, person: self)
```

```
08          }
09      }
10
11      class ID {
12          let number: String
13          unowned let person: Person
14
15          init(number: String, person: Person) {
16              self.number = number
17              self.person = person
18          }
19      }
20
21      var peter = Person(name: "Peter", idNumber: "A123456789")
22      print("\(peter.name)'s ID is \(peter.id.number)")
```

輸出結果

```
Peter's ID is A123456789
```

在 ID 類別中 person 是屬於無主參考，其型態為 Person 類別（第 13 行）。初始器接收兩個參數，分別是 name 和 person。這在 Person 的初始器會啟動 ID 的初始器，並將它指定給 self.id。

此案例稱為無主 (unowned) 與隱含式解開選項屬性，主要是在 Person 類別宣告 id 是 ID!（第 4 行）與在 ID 類別中宣告 unowned 的原故。此方法只要建立 Person 變數 peter 後，利用 peter.id.number 就可以得到 peter 的身份證號碼。

自我練習題

1. 以下程式皆有 Bugs，想請聰明的你幫忙 Debug 一下。

(a)

```
// ARC
class Book {
    let author: String
    let bookName: String
    init(author: String, bookName: String) {
        self.author = author
        self.bookName = bookName
    }
    deinit {
        print("\(bookName) is being deinitialized")
    }
}

var bookObj1: Book
var bookObj2: Book
var bookObj3: Book

bookObj1 = Book(author: "蔡明志", bookName: "學會 Swift 程式設計的 21 堂課")
bookObj2 = bookObj1
bookObj3 = bookObj1

print("\( bookObj1!.bookName): 作者是 \( bookObj1!.author)")
print("\( bookObj2!.bookName): 作者是 \( bookObj2!.author)")
print("\( bookObj3!.bookName): 作者是 \( bookObj3!.author)")

bookObj1 = nil
bookObj2 = nil
bookObj3 = nil
```

(b)

```
// weak reference
class Person {
    let name: String
    init(name: String) {
        self.name = name
    }

    var department: Department
    deinit {
```

```
            print("\(name) is being deinitialized")
        }
}

class Department {
    let departName: String
    init(departName: String) {
        self.departName = departName
    }

    weak var director: Person
    deinit {
        print("Department of \(departName) is being deinitialized")
    }
}

var peter: Person
var cs: Department
peter = Person(name: "Peter")
cs = Department(departName: "Computer Science")

peter.department = cs
cs!.director = peter

print("\(peter!.name) is in \(peter!.department!.departName)")
print("Director of \(peter!.department!.departName)", terminator: "")
print(" is \(peter!.department!.director!.name)")

peter = nil
cs = nil
```

(c)

```
// unowned reference
class Person {
    let name: String
    var insurance: CTInsurance?
    init(name: String) {
        self.name = name
    }
    deinit {
        print("\(name) is being deinitialized")
    }
}

class CTInsurance {
```

```
    let number: Int
    unowned let person: Person?

    init(number: Int, person: Person) {
        self.number = number
        self.person = person
    }
    deinit {
        print("insurance of \(number) is being deinitialized")
    }
}

var peter: Person?
peter = Person(name: "Peter")
peter.insurance = CTInsurance(number: 122789356, person: peter!)
print("name: \(peter!.name)")
print("number: \(peter!.insurance!.number)")

peter = nil
```

(d)

```
//unowned and unwrapped property
class Person {
    let name: String
    var id: ID
    init(name: String, idNumber: String) {
        self.name = name
        self.id = ID(number: idNumber, person: self)
    }
}

class ID {
    let number: String
    unowned let person: Person

    init(number: String, person: Person) {
        self.number = number
        self.person = person
    }
}

var peter = Person(name: "Peter", idNumber: "A123456789")
print("\(peter.name)'s ID is \(peter.id.number)")
```

選項串連

選項串連 (optional chaining)是用以查詢和呼叫屬性、方法和索引，在選項的情況有可能是 nil。若在選項的情況下包含一值，則屬性、方法或索引的呼叫將會是成功的，若選項是 nil，則屬性、方法或索引將回傳 nil。多個串連可以串連在一起，但有任何一串連為 nil 將會使整個選項串連宣告失敗。

14.1 選項串連可當做強迫解開的方法

您可以在想要呼叫屬性、方法或索引，在選項的後面加上問號(?) 來指定選項串連，看看選項是否不是 nil。這和將驚嘆號(!)置於選項後很相似，它用以解開其值。我們還是以範例來加以說明，如下所示：

範例程

```
01  // optional chaining
02  class Student {
03      var dorm: Dormitory?
04  }
05
06  class Dormitory {
07      var numberOfRooms = 2
08  }
09
10  let peter = Student()
11  let rooms = peter.dorm?.numberOfRooms
12  print("Dormitory has \(rooms) rooms")
```

輸出結果

```
Dormitory has nil rooms
```

上述程式表示 Student 類別有一變數 dorm，其型態為選項型態 Dormitory? 類別。而 Dormitory 類別有一變數 numberOfRooms，其初始值為 2。

注意，此時的 dorm 是 Dormitory? 的選擇型態變數，預設值是 nil，如輸出結果所示。

若將上述的

```
let rooms = peter.dorm?.numberOfRooms
```

改為

```
let rooms = peter.dorm!.numberOfRooms
```

將會產生以下的錯誤訊息：

```
fatal error: unexpectedly found nil while unwrapping an Optional value
```

主要的原因是無物件時不可使用！強迫印出。那應如何修正呢？我們需要在

```
let peter = Student()
```

加上

```
peter.dorm = Dormitory()
```

就可以了，其輸出結果如下：

```
Dormitory has 2 rooms
```

完整的程式如下所示：

範例程式

```
01   // optional chaining
02   class Student {
03       var dorm: Dormitory?
04   }
05
06   class Dormitory {
```

```
07        var numberOfRooms = 2
08    }
09
10    let peter = Student()
11    peter.dorm = Dormitory()
12    let rooms = peter.dorm!.numberOfRooms
13    print("Dormitory has \(rooms) rooms")
```

若將上一程式的

```
let rooms = peter.dorm!.numberOfRooms
```

改為

```
let rooms = peter.dorm?.numberOfRooms
```

則輸出結果如下：

```
Dormintory has Optional(2) rooms
```

差異在於多了 Optional 和小括號的字眼而已。

14.2 經由選項串連呼叫屬性、方法

為了解釋選項串連起見，我們將程式再加以擴充。如下所示：

```
class Student {
    var dorm: Dormitory?
}

class Dormitory {
    var numberOfRooms: Int

    func printNumberOfRooms() {
        print("The number of rooms is \(numberOfRooms)")
    }
    init(numberOfRooms: Int) {
        self.numberOfRooms = numberOfRooms
    }
    var location: Location?
}
```

```
class Location {
    var dormitoryName: String?
    var street: String?
}
```

類別之間的關係圖如下所示：

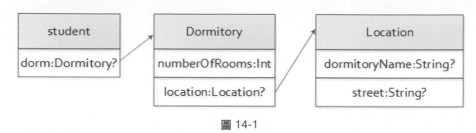

圖 14-1

讀者可配合此圖形幫助您了解，如何經由選項串連呼叫屬性或方法，以及多向的串連。以下的程式皆會用到上述的片段程式。

14.2.1 經由選項串連呼叫屬性

如何經由選項串連呼叫屬性，在本章第一個範例已大略看過了，此處以另一方式說明。定義一 peter 為 Student 類別變數，然後判斷其宿舍有多少房間，如下所示：

📑 範例程式

```
01  class Student {
02      var dorm: Dormitory?
03  }
04
05  class Dormitory {
06      var numberOfRooms: Int
07
08      func printNumberOfRooms() {
09          print("The number of rooms is \(numberOfRooms)")
10      }
11      init(numberOfRooms: Int) {
12          self.numberOfRooms = numberOfRooms
13      }
14      var location: Location?
```

```
15      }
16
17      class Location {
18          var dormitoryName: String?
19          var street: String?
20      }
21
22      let peter = Student()
23      if let roomNumber = peter.dorm?.numberOfRooms {
24          print("Peter's dormitory has \(roomNumber) rooms")
25      } else {
26          print("Unabel to retrieve the number of rooms")
27      }
```

📑 輸出結果

```
Unabel to retrieve the number of rooms
```

因為選項型態的預設值為 nil，所以判斷式為假，此時執行 else 所對應的敘述。主要的原因是無法得知 numberOfRooms 的屬性。若將上述的程式在 if 判斷式前加上

```
peter.dorm = Dormitory(numberOfRooms: 10)
```

如下所示：

```
22      let peter = Student()
23      peter.dorm = Dormitory(numberOfRooms: 10)
24      if let roomNumber = peter.dorm?.numberOfRooms {
25          print("Peter's dormitory has \(roomNumber) rooms")
26      } else {
27          print("Unabel to retrieve the number of rooms")
28      }
```

此時的輸出結果如下：

```
Peter's dormitory has 10 rooms
```

很清楚的得知，peter 的 dorm 屬性一定要指定　Dormitory 類別的實例給它，因為初始值為 10, 所以輸出結果是 10 。

14.2.2 經由選項串連呼叫方法

看懂了如何從選項串連呼叫屬性後，那如何從選項呼叫方法就易懂了。我們想辦法呼叫 printNumberOfRooms 方法。此方法是印出宿舍有多方房間 numberOfRooms 的屬性。

📑 範例程式

```
01   class Student {
02       var dorm: Dormitory?
03   }
04
05   class Dormitory {
06       var numberOfRooms: Int
07
08       func printNumberOfRooms() {
09           print("The number of rooms is \(numberOfRooms)")
10       }
11       init(numberOfRooms: Int) {
12           self.numberOfRooms = numberOfRooms
13       }
14       var location: Location?
15   }
16
17   class Location {
18       var dormitoryName: String?
19       var street: String?
20   }
21
22   // call method
23   let peter = Student()
24   peter.dorm = Dormitory(numberOfRooms: 10)
25   peter.dorm!.printNumberOfRooms()
```

🔍 輸出結果

```
The number of rooms is 10
```

程式中最後一個敘述

```
peter.dorm!.printNumberOfRooms()
```

是經由選項型態串連呼叫 printNumberOfRooms 方法。

14.3 多重的串連

接下來，我們將 Location 類別定義一實例 peterLocation。然後指定 Location
類別實例 peterLocation 的屬性。最後將其指定給 peter.dorm?.location。

範例程式

```
01   class Student {
02       var dorm: Dormitory?
03   }
04
05   class Dormitory {
06       var numberOfRooms: Int
07
08       func printNumberOfRooms() {
09           print("The number of rooms is \(numberOfRooms)")
10       }
11       init(numberOfRooms: Int) {
12           self.numberOfRooms = numberOfRooms
13       }
14       var location: Location?
15   }
16
17   class Location {
18       var dormitoryName: String?
19       var street: String?
20   }
21
22   // multiple chain
23   let peter = Student()
24   peter.dorm = Dormitory(numberOfRooms: 10)
25   let peterLocation = Location()
26   peterLocation.dormitoryName = "BigHouse Building"
27   peterLocation.street = "Hsingchang 777"
```

```
28    peter.dorm?.location = peterLocation
29
30    print(peter.dorm?.location?.dormitoryName)
31    print(peter.dorm?.location?.street)
```

輸出結果

```
Optional(BigHouse Building)
Optional(Hsingchang 777)
```

其中 peter.dorm?.location?.dormitoryName 與 peter.dorm?.location?.street 皆為所謂的多重串連。有幾個點代表它有幾層的意思。

自我練習題

1. 以下的程式皆有些許的 bugs，可否大家一起來練功。

(a)

```swift
// optional chaining
class Student {
    var dorm: Dormitory
}

class Dormitory {
    var numberOfRooms = 2
}

let peter = Student()
let rooms = peter.dorm!.numberOfRooms
print("Dormitory has \(rooms) rooms")
```

(b)

```swift
class Student {
    var dorm: Dormitory?
}

class Dormitory {
    var numberOfRooms: Int

    func printNumberOfRooms() {
        print("The number of rooms is \(numberOfRooms)")
    }
    init(numberOfRooms: Int){
        self.numberOfRooms = numberOfRooms
    }
    var location: Location?
}

class Location {
    var dormitoryName: String?
    var street: String?
}

let peter = Student()
peter.dorm = Dormitory()
if let roomNumber = peter.dorm?.numberOfRooms {
```

```
        print("Peter's dormitory has \(roomNumber) rooms")
} else {
        print("Unabel to retrieve the number of rooms")
}
```

(c)

```
class Student {
    var dorm: Dormitory?
}

class Dormitory {
    var numberOfRooms: Int

    func printNumberOfRooms() {
        print("The number of rooms is \(numberOfRooms)")
    }
    init(numberOfRooms: Int){
        self.numberOfRooms = numberOfRooms
    }
    var location: Location?
}

class Location {
    var dormitoryName: String?
    var street: String?
}

// multiple chain
let peter = Student()
let peterLocation = Location()
peterLocation.dormitoryName = "BigHouse Building"
peterLocation.street = "Hsingchang 777"
peter.dorm?.location = peterLocation

print(peter.dorm?.location?.dormitoryName)
print(peter.dorm?.location?.street)
```

型態轉換與延展

型態轉換 (type casting) 用於檢查是否為某一實例的型態，或是在類別的架構做為轉型用。在 Swift 中利用 is 和 as 運算子來完成轉換的事項。

延展 (extension) 是將現存在的類別、結構或列舉加入一些新的功能。這包括可以延展在原本的程式碼無法存取的型態功能。以下我們將一一的討論此兩項主題。

15.1 檢查型態

我們以範例來說明，以下有三個類別，分別為 University、Teacher 以及 Student。而 Teacher 與 Student 類別皆繼承 University 類別。程式如下所示：

📑 範例程式

```
01   class University {
02       var name: String
03       init(name: String) {
04           self.name = name
05       }
06   }
07
08   class Teacher: University {
09       var status: String
10       init(name: String, status: String) {
11           self.status = status
```

```
12              super.init(name: name)
13          }
14      }
15
16      class Student: University {
17          var grade: String
18          init(name: String, grade: String) {
19              self.grade = grade
20              super.init(name: name)
21          }
22      }
```

在這三類別中，第 1 行是父類別 University，而第 8 行與第 16 行的 Teacher 和 Student 是子類別。在子類別中皆繼承父類別的 name (第 2 行)。並在子類別加上自己本身的屬性，如 Teacher 子類別的 status (第 9 行)，與 Student 子類別的 grade 屬性 (第 17 行)。而且這三個類別都有初始器，用以初始屬性值。

接下來的程式定義一常數名稱 campus，其為陣列的型態，包含三個 Teacher 類別實例(第 25、26、28 行)及二個 Student 類別的實例(第 27、29 行)。並利用第 32 行 teacherObject 與第 33 行 studentObject 變數累計老師和學生的實例個數。以下程式是延續上述三類別的定義程式。

範例程式

```
23      // type casting
24      let campus = [
25          Teacher(name: "Nancy", status: "Professor"),
26          Teacher(name: "Peter", status: "Associated Professor"),
27          Student(name: "Carol", grade: "senior"),
28          Teacher(name: "Mary", status: "Assist Professor"),
29          Student(name: "John", grade: "sophomore")
30      ]
31
32      var teacherObj = 0
33      var studentObj = 0
34      for object in campus {
35          if object is Teacher {
36              teacherObj += 1
```

```
37        } else if object is Student {
38            studentObj += 1
39        }
40    }
41
42    print("Campus contains \(teacherObj) teachers and \(studentObj) students")
```

📄 輸出結果

```
Campus contains 3 teachers and 2 students
```

程式利用 for-in 迴圈和 if 敘述，計算在 campus 陣列屬於 Teacher 或 Student 類別的實例。

注意，程式中利用 is 型態檢查運算子(type check operator)判斷某一實例，是否為某一子類別型態。若是，則回傳 true，否則回傳 false。

15.2　向下轉型

某一類別型態的常數或變數，可能實際參考到子類別的實例。若是，你可以利用 as 型態轉型運算子(type cast operator)向下轉型(downcast)為子類別型態。

因為向下轉型可能會失敗，所以型態轉型運算子有兩種版本，一為選項格式 as?，因為無法明確向下轉型知道是否成功，此格式永遠會回傳一選項值或是 nil。這種方式是較保險，因為不是回傳選項就是 nil。

另一種是強制格式 as，若你可以明確保證向下轉型會成功，則使用此格式，但若你試圖向下轉型不正確的類別型態時，這可能會出現執行期的錯誤。

延續本章第一個範例，並將上一範例的 is 運算子改為 as? 運算子。如以下程式所示：

📄 範例程式

```
23    let campus = [
24        Teacher(name: "Nancy", status: "Professor"),
25        Teacher(name: "Peter", status: "Associated Professor"),
26        Student(name: "Carol", grade: "senior"),
27        Teacher(name: "Mary", status: "Assist Professor"),
```

```
28          Student(name: "John", grade: "sophomore")
29      ]
30
31      for object in campus {
32          if let teacher = object as? Teacher {
33              print("\(teacher.name) is \(teacher.status)")
34          } else if let student = object as? Student {
35              print("\(student.name) is a \(student.grade)")
36          }
37      }
```

📑 輸出結果

```
Nancy is Professor
Peter is Associated Professor
Carol is a senior
Mary is Assist Professor
John is a sophomore
```

因為 campus 陣列中有 Teacher 和 Student 類別的實例，所以利用 as? 運算子。注意，若將 as? 改為 as，將會有錯誤產生，為什麼？聰明的你可告訴我嗎？

15.3 對 AnyObject 和 Any 的型態轉換

Swift 提供兩個特定型態的別名，用於非指定型態，一為 AnyObject，它用來表示任何型態的實例。二為 Any，它用於任何的型態，除了函式的型態外。

15.3.1 AnyObject

當您想要定義任何類別型態的實例時，可利用 AnyObject 型態的完成。延續本章第一個範例，其程式如下所示：

📑 範例程式

```
23      let campusObject: [AnyObject] = [
24          Teacher(name: "Nancy", status: "Professor"),
25          Teacher(name: "peter", status: "Associated Professor"),
26          Teacher(name: "Mary", status: "Assist Professor")
27      ]
28
```

```
29    for object in campusObject {
30        let teacher = object as! Teacher
31        print("\(teacher.name) is \(teacher.status)")
32    }
```

輸出結果

```
Nancy is Professor
peter is Associated Professor
Mary is Assist Professor
```

由於 campusObject 陣列只含 Teacher 類別的實例，所以可直接向下轉型並加以解開為 Teacher 值，所以使用 as! 運算子，而不是 as?。此處以 as! 運算子判斷是否為某一類別，是因為 campusObject 陣列沒有 student 的物件。

也可以將上述的 for 迴圈簡化為如下所示：

```
for object in campusObject as! [Teacher] {
    print("\(object.name) is \(object.status)")
}
```

直接在陣列名稱加上 as [Teacher]。

15.3.2 Any

比 AnyObject 可定義更廣的型態，那就是 Any。它除了可建立類別的型態外，也可以用來建立任何型態的變數或陣列。

以下的範例是建立一以不同型態所組成，名為 data 的陣列。其中包含字串、整數、浮點數，(x, y) 座標，以及一 Teacher 類別。延續本章的第一個範例程式，完整程式如下所示：

範例程式

```
23    // Any
24    var data = [Any]()
25
26    data.append("Hello Swift")
27    data.append(88.88)
28    data.append(0.0)
29    data.append(777)
```

```
30 │   data.append(0)
31 │   data.append((10, 20))
32 │   data.append(Teacher(name: "Linda", status: "Professor"))
33 │
34 │   for obj in data {
35 │       print("\(obj)")
36 │   }
```

📋 輸出結果

```
Hello Swift
88.88
0.0
777
0
(10, 20)
testAny.Teacher
```

此程式用到本章前面所談到的 University 和 Teacher 類別。當我們以 for-in 迴圈將陣列內容印出時，所得到的輸出結果如上所示。其中類別印出的是

```
testAny.Teacher
```

testAny 是專案名稱，而 Teacher 表示此專案下的類別名稱。若要更詳細印出上述資料所表示事項，則可以下一程式完成。延續本章的第一個範例程式，完整程式如下所示：

📋 範例程式

```
23 │   var data = [Any]()
24 │
25 │   data.append("Hello Swift")
26 │   data.append(88.88)
27 │   data.append(0.0)
28 │   data.append(777)
29 │   data.append(0)
30 │   data.append((10, 20))
31 │   data.append(Teacher(name: "Linda", status: "Professor"))
32 │   data.append(Student(name: "John", grade: "sophomore"))
33 │
34 │   for obj in data {
```

```
35      switch obj {
36          case 0 as Int:
37              print("Zero as an Int")
38          case 0 as Double:
39              print("Zero as an Double")
40          case let someInt as Int:
41              print("An integer value of \(someInt)")
42          case let someDouble as Double:
43              print("A double value of \(someDouble)")
44          case let someString as String:
45              print("A string value of \(someString)")
46          case let (x, y) as (Int, Int):
47              print("An (x, y) point at (\(x), \(y))")
48          case let teacher as Teacher:
49              print("\(teacher.name) is a \(teacher.status)")
50          default:
51              print("something else")
52      }
53  }
```

輸出結果

```
A string value of Hello Swift
A double value of 88.88
Zero as an Double
An integer value of 777
Zero as an Int
An (x, y) point at (10, 20)
Nancy is a Professor
something else
```

此程式用到本章前面所談到的 University、Teacher，以及 Student 類別。陣列中的內容對應到 switch 的某一 case，再將其印出其所代表的事項為何。

15.4 延展

延展 (extension) 程顧名思義就是延伸原來沒有的功能。Swift 的延展與 Objective C 的類目 (category) 類似。

15.4.1 屬性的延展

我們先從可計算的屬性之延展開始。我們以延展原先的型態 Double，此時多了三個可計算的的屬性，分別是 mile、km 以及 m。此程式以公里為基點，其它用以換算為公里。如以下程式所示：

```
//轉換為公里
extension Double {
    var mile: Double { return self * 1.6 }
    var km: Double { return self}
    var m: Double {return self / 1000}
}
```

延展是以 extension 關鍵字為開頭。後接 Double 表示要延展 Double 型態。我們定義 mile 屬性為 self * 1.6，此時將換算為公里數。而公尺要換算為公里，則需除以 1000。若本身為公里數，則不必加以換算。

要呼叫延展的屬性需要使用點運算子。如 100.mile 表示 100 英哩換算為公里數為 160 公里。而 100.m 相當於 0.1 公里。如以下程式所示：

📠 範例程式

```
01   // 轉換為公里
02   extension Double {
03       var mile: Double { return self * 1.6 }
04       var km: Double { return self}
05       var m: Double {return self / 1000}
06   }
07
08   let oneHundredMile = 100.mile
09   print("100 miles is \(oneHundredMile) kilometer")
10
11   let oneHundredKm = 100.km
12   print("100 miles is \(oneHundredKm) kilometer")
13
14   let oneHundredMeter = 100.m
15   print("100 meters is \(oneHundredMeter) kilometer")
```

📑 輸出結果

```
100 miles is 160.0 kilometer
100 miles is 100.0 kilometer
100 meters is 0.1 kilometer
```

第 14 行的 100.m 相當於 100 公里，不需要加以換算。

15.4.2　初始器與方法的延展

除了可延展屬性外，還可以延展初始器與方法。如有一結構 Rectangle，原來有兩個屬性 width 與 height。今加以延展，增加了初始器 init 與兩個方法，分別是 getArea()與 setWidthAndHeight。程式如下所示：

📑 範例程式

```
01 │ // initializer and instance method
02 │ struct Rectangle {
03 │     var width = 0.0
04 │     var height = 0.0
05 │ }
06 │
07 │ extension Rectangle {
08 │     //initialization
09 │     init(width2: Double, height2: Double) {
10 │         width = width2
11 │         height = height2
12 │     }
13 │     //instant method
14 │     func getArea() -> Double {
15 │         return width * height
16 │     }
17 │     //mutating instance method
18 │     mutating func setWidthAndHeight(width: Double, height: Double) {
19 │         self.width = width
20 │         self.height = height
21 │     }
22 │ }
23 │
```

```
24    var obj = Rectangle(width: 10, height: 20)
25    print("width: \(obj.width), height: \(obj.height)")
26    let objArea = obj.width * obj.height
27    print("area: \(objArea)")
28    obj.setWidthAndHeight(width: 11, height: 21)
29    let objArea2 = obj.width * obj.height
30    print("area: \(objArea2)")
```

輸出結果

```
width: 10.0, height: 20.0
area: 200.0
area: 231.0
```

由於第 18 行的 setWidthAndHeight 方法會更改參數值，所以需設此方法為 mutating。否則會產生錯誤訊息。

還有一個更有趣的範例如下：

範例程式

```
01    extension Int {
02        mutating func cube() {
03            self = self * self * self
04        }
05    }
06    var intObj = 5
07    intObj.cube()
08    print("5*5*5 = \(intObj)")
```

輸出結果

```
5*5*5 = 125
```

我們從 Int 延展出一實例方法，此方法稱為 cube()，由於它會更改 self，所以加上 mutating 關鍵字，並將最後運算的結果指定給 self，此 self 相當於範例程式的 intObj。所以印出 intObj 就可知其結果。

15.4.3　索引的延展

也可以從 Int 延展出一索引的實例方法喔！只要呼叫 subscript 方法即可，此方法有一參數，並回傳一 Int。如下所示：

範例程式

```
01  // subscript
02  extension Int {
03      subscript(index: Int) -> Int {
04          var base = 1, i=1
05          while i <= index {
06              base *= 10
07              i += 1
08          }
09          return (self / base) % 10
10      }
11  }
12
13  print(123456789[0])
14  print(123456789[1])
15  print(123456789[2])
16  print(123456789[8])
17  print(123456789[9])
```

輸出結果

```
9
8
7
1
0
```

程式的做法是先將 base 設為 1，接著利用 for 迴圈求出最終的 base，每一次base 將會乘上 10，直到 i 小於等於 index 為止。例如 index 為 1，則 base 的結果將為 10，之後將 self 值除以 base，再除以 10 取其餘數。如 123456789[1]，表示 self 值為 123456789，index 為 1，base 為 10，最後的結果將會是 8，從輸出結果得以驗證。注意，呼叫的本身就是 self。

15.4.4 使用 private 取代 fileprivate

在 Swift 3，若在類別或結構中定義 score 是私有的(private)，必需將其定義為 fileprivate，才能給延展的類別或結構中的函式加以擷取，如下所示：

```
struct student {
    var name = "Joe"
    fileprivate var score = 90
}
```

在 Swift 4 中可以直接將私有的資料直接定義為 private 。請參閱以下的範例程式：

📑 範例程式

```
01  struct student {
02      var name = "Joe"
03      private var score = 90
04  }
05
06  extension student {
07      func display()
08      {
09          print("name: \(name), score: \(score)")
10      }
11  }
12
13  var s1 = student()
14  s1.display()
```

📑 輸出結果

```
name: Joe, score: 90
```

自我練習

1. 下列的程式皆會出現些許的 bugs，請你幫幫忙 debug ，順便增加程式除錯的能力。

(a)

```swift
class University {
    var name: String
    init(name: String) {
        self.name = name
    }
}

class Teacher: University {
    var status: String
    init(name: String, status: String) {
        self.status = status
        super.init(name: name)
    }
}

class Student: University {
    var grade: String
    init(name: String, grade: String) {
        self.grade = grade
        super.init(name: name)
    }
}

let campus = [
    Teacher(name: "Nancy", status: "Professor"),
    Teacher(name: "Peter", status: "Associated Professor"),
    Student(name: "Carol", grade: "senior"),
    Teacher(name: "Mary", status: "Assist Professor"),
    Student(name: "John", grade: "sophomore")
]

for object in campus {
    if let teacher = object as Teacher {
        print("\(teacher.name) is \(teacher.status)")
    } else if let student = object as Student {
        print("\(student.name) is a \(student.grade)")
    }
}
```

(b)

```swift
class University {
    var name: String
    init(name: String) {
        self.name = name
    }
}

class Teacher: University {
    var status: String
    init(name: String, status: String) {
        self.status = status
        super.init(name: name)
    }
}

class Student: University {
    var grade: String
    init(name: String, grade: String) {
        self.grade = grade
        super.init(name: name)
    }
}

let campusObject: [AnyObject] = [
    Teacher(name: "Nancy", status: "Professor"),
    Teacher(name: "peter", status: "Associated Professor"),
    Teacher(name: "Mary", status: "Assist Professor"),
    Student(name: "John", grade: "sophomore")
]

for object in campusObject {
    let teacher = object as? Teacher
    print("\(teacher.name) is \(teacher.status)")
}
```

(c)

```swift
class University {
    var name: String
    init(name: String) {
        self.name = name
    }
}
```

```swift
class Teacher: University {
    var status: String
    init(name: String, status: String) {
        self.status = status
        super.init(name: name)
    }
}

class Student: University {
    var grade: String
    init(name: String, grade: String) {
        self.grade = grade
        super.init(name: name)
    }
}

var data = [Any]()

data.append("Hello Swift")
data.append(88.88)
data.append(0.0)
data.append(777)
data.append(0)
data.append((10, 20))
data.append(Teacher(name: "Linda", status: "Professor"))

for obj in data {
    switch obj {
        case 0 as Int :
            print("Zero as an Int")
        case 0 as Double :
            print("Zero as an Double")
        case let someInt as Int :
            print("An integer value of \(someInt)")
        case someDouble as Double :
            print("A double value of \(someDouble)")
        case someString as String :
            print("A string value of \(someString)")
        case let (x, y) as (Int, Int) :
            print("An (x, y) point at (\(x), \(y))")
        case teacher as Teacher :
            print("\(teacher.name) is a \(teacher.status)")
    }
}
```

(d)

```swift
// initializer and instance method
struct Rectangle {
    var width = 0.0
    var height = 0.0
}

extension Rectangle {
    init(width2: Double, height2: Double) {
        width = width2
        height = height2
    }

    func getArea() ->Double {
        return width * height
    }

    func setWidthAndHeight(width: Double, height: Double) {
        self.width = width
        self.height = height
    }
}

var obj = Rectangle(width=10, height=20)
print("width: \(obj.width), height: \(obj.height)")
let objArea = obj.width * obj.height
print("area: \(objArea)")
obj.setWidthAndHeight(11, 21)
let objArea2 = obj.width * obj.height
print("area: \(objArea2)")
```

(e)

```swift
extension Int {
    func cube() {
        self = self * self * self
    }
}
var intObj = 5
intObj.cube()
print("5*5*5 = \(intObj)")
```

2. 試問下列程式的輸出結果

```
extension Int {
    func repeatprint(something: () -> ()) {
        for _ in 0..<self {
            something()
        }
    }
}

5.repeatprint(something: {
  print("learning Swift now")
})
```

16
CHAPTER

協定

協定 (protocol)定義方法、屬性用以完成某一項任務的藍圖。協定本身沒有提供任何具體的實作，僅描述實作的外衣而已。接著類別、結構或列舉可以採納 (adopt) 此協定，然後提供其真正實作的本體。任何型態滿足協定的需求稱之為遵從 (conform)此協定。

protocol 的語法如下所示：

```
protocol protocolName {
    // protocol 的定義
}
```

以 protocol 為關鍵字，接著是協定的名稱，再定義協定，注意它只是定義，沒有加以實作。以下我們將從屬性的需求開始，繼而討論方法的需求、當做型態的協定、協定的繼承、協定的組合、檢查是否遵從協定，以及選擇性協定的需求等等。

16.1 屬性的協定

屬性的協定大都宣告為變數的屬性，所以前面會有 var 關鍵字。型態宣告後以 {get set} 分別表示取得和設定之屬性。如以下我們定義一協定為 EnglishName，有一變數屬性 name，其型態為字串，並具有設定與取得的特定。我們以一範例說明之。

範例程式

```
01   // property requirement
02   protocol EnglishName {
03       var name: String {get set}
04   }
05
06   struct Person: EnglishName {
07       var name: String
08   }
09
10   var someone = Person(name: "Bright")
11   print(someone.name)
12
13   someone.name = "Linda"
14   print(someone.name)
```

輸出結果

```
Bright
Linda
```

其中協定內的 name 為 String 型態的變數，而且具有 getter 和 setter 的特性（第 3 行）。基本上 set 無法單獨存在。有 set 屬性就會有 get。

程式中的 struct Person 結構中的 name 是屬於實例屬性，因此必須以一結構物件加以呼叫，如程式中我們以 someone 物件呼叫 name 實例屬性。

再舉一範例來說明。

📋 範例程式

```
01   protocol Name {
02       var companyName: String {get}
03   }
04
05   class Company: Name {
06       var attribute: String?
07       var name: String
08       init(name: String, attribute: String? = nil) {
09           self.name = name
10           self.attribute = attribute
11       }
12
13       var companyName: String {
14           return "\(name): " + "\(attribute!)"
15       }
16   }
17
18   var iPhoneObj = Company(name: "GoTop Co.", attribute: "SWift programming")
19   print(iPhoneObj.companyName)
```

🔍 輸出結果

```
GoTop Co.: SWift programming
```

有一協定名為 Name（第 1 行），定義了一變數 companyName，其具有 get
的屬性（第 2 行）。第 5 行類別 Company 採納 Name 協定，並在
companyName 屬性定義回傳一字串（第 14 行）。

16.2 方法的協定

方法的協定比屬性的協定用得更多。方法的協定只是一個方法的雛型或稱藍圖而已，當某一類別、結構或列舉採納了此方法的協定後，必須加以實作此雛型的主體。這也可以說大家的介面一樣，但您可以實作自己的主體內容。今假設有一方法的協定 getArea 方法，其定義如下：

```
// method requirement
protocol Area {
    func getArea() -> Double
}
```

接著有一類別採納此協定，因此在此類別中加以實作此方法，回傳此圓面積，如下所示：

範例程式

```
01   protocol Area {
02       func getArea() -> Double
03   }
04
05   struct Circle: Area {
06       var radius = 0.0
07       init(radius: Double) {
08           self.radius = radius
09       }
10       func getArea() -> Double {
11           return radius * radius * 3.14159
12       }
13   }
14
15   let circleObject = Circle(radius: 10.0)
16   print("圓形面積: \(circleObject.getArea())")
```

輸出結果

```
圓形面積: 314.159
```

類別中有一初始器將圓的半徑設為 10，使得目前的 radius 屬性資料值為 10。

方法的協定若是有更改參數值，則必須加上 mutating 關鍵字。如上一範例若將初始器要做的事情，直接在 getArea 方法中加以設定。如下的所示：

```
// using mutating
protocol Area {
    mutating func getArea(r: Double) -> Double
}
```

在此方法的協定中，有一參數 r，它將此參數值指定給屬性 radius，再計算圓面積。如下所示：

📑 範例程式

```
01   protocol Area {
02       mutating func getArea(r: Double) -> Double
03   }
04
05   // struct not a class
06   struct Circle: Area {
07       var radius = 0.0
08       mutating func getArea(r: Double) -> Double {
09           radius = r
10           return radius * radius * 3.14159
11       }
12   }
13
14   // circleObject must be a var
15   var circleObject = Circle()
16   print("圓形面積: \(circleObject.getArea(r: 10))")
```

📑 輸出結果

圓形面積: 314.159

與上一範例的差別在於建立 circleObject 變數時（第 15 行），由於沒有初始器，所以在第 16 行呼叫 getArea 方法時必須給予一參數，此參數是用來設定圓的半徑值，也因此要將此方法設為 mutating（第 8 行）。順便一提的是，circleObject 必須是變數名稱，因為此變數的屬性有改變。

注意，以上兩個範例是以結構表示。由於結構和列舉是屬於值型態，所以不可以改變方法的參數值，除非有加上 mutating。但在類別就不必有 mutating 的關鍵字，因為它是參考型態，所以可以修改參數值。

若將上一範例改以類別，如下一範例程式所示。在類別中雖然繼承了有 mutating 的方法協定，但不可以在類別中加上 mutating（第 8 行），因為 mutating 只用於結構。

📑 範例程式

```
01   protocol Area {
02       mutating func getArea(r: Double) -> Double
03   }
04
05   // class not a struct
06   class Circle: Area {
07       var radius = 0.0
08       func getArea(r: Double) -> Double {
09           radius = r
10           return radius * radius * 3.14159
11       }
12   }
13
14   var circleObject = Circle()
15   print("圓形面積: \(circleObject.getArea(r: 10))")
```

輸出結果同上。其實您也可以將方法協定中的 mutating 去掉，若使用於類別而不是結構的話。

16.3 當做型態的協定

協定也可以當做變數的型態，我們以一範例程式來解釋，如下所示：

📑 範例程式

```
01   // protocol as type
02   protocol Area {
03       func getArea(r: Double) ->Double
04   }
05
```

```
06    class Circle: Area {
07        var radius = 0.0
08        func getArea(r: Double) -> Double {
09            radius = r
10            return radius * radius * 3.14159
11        }
12    }
13
14    class Cylinder {
15        var height: Int
16        var calculateVolume: Area
17        init(height: Int, calculateVolume: Area) {
18            self.height = height
19            self.calculateVolume = calculateVolume
20        }
21        func volume() -> Double {
22            return calculateVolume.getArea(r: 10.0) * Double(height)
23        }
24    }
25
26    let cylinderObject = Cylinder(height: 10, calculateVolume: Circle())
27    print(cylinderObject.volume())
```

📑 輸出結果

```
3141.59
```

此範例定義一方法協定名為 Area，類別 Circle 採納此協定（第 6 行），並在 Cylinder 類別中有一屬性 calculateVolume 以此協定為其型態（第 16 行）。接下來，就可以使用此屬性呼叫此方法協定，如第 22 行的 calculateVolume.getArea(r: 10.0)。接下來的敘述

```
let cylinderObject = Cylinder(height: 10, calculateVolume: Circle())
```

將 calculateVolume 型態設定為 Circle()，所以 calculateVolume.getArea(r: 10.0)，相當於計算圓形的面積。之後執行

```
print(cylinderObject.volume())
```

則呼叫 volume() 方法，以計算圓柱體面積。

16.4 以延展加入協定

我們也可以將協定以延展的方式加入於類別或結構。此範例定義一方法協定，名為 Area，類別 Circle 採納此協定，並在 Cylinder 類別中有一屬性 calculateVolume 以此協定為其型態。接下來，就可以使用此屬性呼叫此方法協定，如 calculateVolume.getArea(r: 10.0)。

範例程式

```
01   // extension
02   protocol Description {
03       func information() -> String
04   }
05
06   protocol Area {
07       func getArea(r: Double) -> Double
08   }
09
10   class Circle: Area {
11       var radius = 0.0
12       func getArea(r: Double) -> Double {
13           radius = r
14           return radius * radius * 3.14159
15       }
16   }
17
18   class Cylinder {
19       var height: Int
20       var calculateVolume: Area
21       init(height: Int, calculateVolume: Area) {
22           self.height = height
23           self.calculateVolume = calculateVolume
24       }
25       func volume() -> Double {
26           return calculateVolume.getArea(r: 10.0) * Double(height)
27       }
28   }
29
30   extension Cylinder: Description {
```

```
31      func information() -> String {
32          return "Voluem of Cylinder:"
33      }
34  }
35
36  let cylinderObject2 = Cylinder(height: 10, calculateVolume: Circle())
37  print(cylinderObject2.information())
38  print(cylinderObject2.volume())
```

輸出結果

```
Voluem of Cylinder :
3141.59
```

有一協定稱為 Description，其為 information() 方法的原型 (prototype)。如下所示：

```
protocol Description {
    func information() -> String
}
```

我們將 Cylinder 類別中加以延展。如下所示：

```
extension Cylinder: Description {
    func information() -> String {
        return "Voluem of Cylinder:"
    }
}
```

定義了 information() 方法的主體，它回傳一字串。這樣的好處是我們不需要再修改 Cylinder 類別的資料，這在維護上是非常重要的。

16.5 協定的繼承

協定也可以繼承。以下程式有一協定 Description，如下所示：

```
protocol Description {
    func information() -> String
}
```

之後又定義協定 FullyDescription，其繼承協定 Description，此稱為協定繼承 (protocol inheritance) 如下所示：

```
protocol FullyDescription: Description {
    func fullyinformation() -> String
}
```

我們利用 extension 來延展 Cylinder 類別，因此分別定義了 information() 方法與 fullyinformation() 方法。完整程式如下所示：

📑 範例程式

```
01   protocol Description {
02       func information() -> String
03   }
04
05   class Cylinder {
06       var height: Int
07       init(height: Int) {
08           self.height = height
09       }
10   }
11
12   extension Cylinder: Description {
13       func information() -> String {
14           return "Voluem of Cylinder:"
15       }
16   }
17   protocol FullyDescription: Description {
18       func fullyinformation() -> String
19   }
20
21   extension Cylinder: FullyDescription {
```

```
22      func fullyinformation() -> String {
23          var output = information()
24          output += " A"
25          return output
26      }
27  }
28  let cylinderObject3 = Cylinder(height: 20)
29  print(cylinderObject3.information())
30  print(cylinderObject3.fullyinformation())
```

📑 輸出結果

```
Voluem of Cylinder:
Voluem of Cylinder: A
```

在 Cylinder 類別的 fullyinformation() 方法中呼叫 information() 方法，將結果指定給 output 字串變數，最後將 output 字串加上 A 加以印出。程式定義了 cylinderObject3，之後以此物件呼叫 infromation()方法和 fullyinformation()方法。

16.6 協定的組合

若一型態要遵從多個協定時，就得利用協定組合 (protocol composition)。遵從多個協定的格式為 name: Someprotocol, Anotherprotocol。將多個協定以逗號隔開。而協定的組合，則以&串連之。

我們舉一範例程式來說明。如下所示：

📑 範例程式

```
01  // protocol composition
02  protocol Named {
03      var name: String {set get}
04  }
05
06  protocol Department {
07      var department: String {set get}
08  }
09
```

```
10   struct Person: Named, Department {
11       var name: String
12       var department: String
13   }
14
15   func status(who nameDepartment: Named & Department) {
16       print("\(nameDepartment.name) majors in \(nameDepartment.department)")
17   }
18
19   let whoAmI = Person(name: "Jennifer", department: "foreign language")
20   status(who: whoAmI)
21   print()
```

📑 輸出結果

```
Jennifer majors in foreign language
```

結構 Person 採納 Named 與 Department 協定（第 10 行），而 status 函式中的參數使用到協定的組合 Named & Department（第 15 行）。第 19 行定義一結構 Person 的常數名稱 whoAmI，再將 whoAmI 當做 status 的參數（第 20 行）。

16.7 檢查是否有遵從協定

接下來我們來討論如何檢查實例是否遵從協定，有三種運算子可加以使用。is 運算子判斷實例是否遵從協定（第 42 行），若是，則回傳 true，否則回傳 false。as? 運算子若遵從協定，則回傳選項值，否則回傳 nil。而 as 運算子和 as? 相似，但若沒遵從協定時，在執行時期將會產生錯誤。

📥 範例程式

```
01   // checking for protocol conformance
02   protocol GetArea {
03       var area: Double {get}
04   }
05
06   class Circle: GetArea {
07       var radius: Double
08       init(radius: Double) {
```

```
09          self.radius = radius
10      }
11      var area: Double {
12          return radius * radius * 3.14159
13      }
14  }
15
16  class Rectangle: GetArea {
17      var width: Double
18      var height: Double
19      init(width: Double, height: Double) {
20          self.width = width
21          self.height = height
22      }
23      var area: Double {
24          return width * height
25      }
26  }
27
28  class What {
29      var message: String
30      init(message: String) {
31          self.message = message
32      }
33  }
34
35  let objects: [AnyObject] = [
36      Circle(radius: 20.0),
37      Rectangle(width:10, height: 20),
38      What(message: "I Want to buy iPhone 6")
39  ]
40
41  for object in objects{
42      print(object is GetArea)
43  }
44
45  for object in objects {
46      if let objectArea = object as? GetArea {
47          print("面積為: \(objectArea.area)")
48      } else {
```

```
49              print("此物件無計算面積方法")
50          }
51   }
```

📋 輸出結果

```
true
true
false
面積為: 1256.636
面積為: 200.0
此物件無計算面積方法
```

在 for-in 迴圈中利用選擇敘判斷是否符合 GetArea 協定，必須使用 as? (第 46 行)。

16.8 JSON 的編碼和解碼

現在我要介紹 Swift 4 版本一個很讚的功能。Swift 4 簡化了整個 JSON 壓縮和解壓縮的過程。您只需要將自定的類別，繼承 Codable 協定，之後利用 encode 和 decode 方法，就可輕易的完成。請參閱以下範例程式：

📋 範例程式

```
01   class Book: Codable {
02       let title: String
03       let author: String
04       let publishing: String
05
06       init(title: String, author: String, publishing: String) {
07           self.title = title
08           self.author = author
09           self.publishing = publishing
10       }
11   }
12
13   let book = Book(title: "學會 Swift 4 的 24 堂課", author: "蔡明志",
14                       publishing: "碁峯資訊股份有限公司")
15
```

```
16    let encoder = JSONEncoder()
17    let gotop = try encoder.encode(book)
18    let string = String(data: gotop, encoding: .utf8)
19
20    let decoder = JSONDecoder()
21    let article = try decoder.decode(Book.self, from: gotop)
22    let output = "\(article.title) \(article.author)
23                \(article.publishing)"
```

輸出結果

學會 Swift 4 的 24 堂課 蔡明志 碁峯資訊股份有限公司

程式中的 Book 類別遵從了 Codable 協定，Book 類別裏有三個變數和一個初始器。接著定義一 Book 類別的物件 book，並使用 JSONEncoder 類別的指定初始器(designated initializer)建立一個名為 encoder 物件，接著使用 try 語句和 encoder 的 encode(_:)方法將 book 壓縮到 gotop 的物件。最後，使用 UTF-8 編碼將資料轉換為字串。您可以在 Playground 撰寫程式，您將會看到 JSON 輸出。

接下來使用 JSONDecoder 類別指定初始器建立一 decoder 物件。再使用 decode(_: from:) 方法，對 try 區塊內的的編碼資料進行解碼。

自我練習題

1. 以下程式有些許的 bugs，請您加以 debug，順便增加你的程式設計能力。

(a)

```swift
protocol Area {
    mutating func getArea(r: Double) -> Double
}

// struct not a class
struct Circle: Area {
    var radius = 0.0
    func getArea(r: Double) -> Double {
        radius = r
        return radius * radius * 3.14159
    }
}

let circleObject = Circle()
print("圓形面積: \(circleObject.getArea(10))")
```

(b)

```swift
protocol Area {
    mutating func getArea(r: Double) -> Double
}

// class not a struct
class Circle: Area {
    var radius = 0.0
    mutating func getArea(radius: Double) -> Double {
        self.radius = radius
        return radius * radius * 3.14159
    }
}

var circleObject = Circle()
print("圓形面積: \(circleObject.getArea(10))")
```

(c)

```
//protocol composition
protocol Named {
    var name: String {set get}
}

protocol Department {
    var department: String {set get}
}

struct Person {
    var name: String
    var department: String
}

func status(who: Person) {
    print("\(who.name) majors in \(who.department)")
}

let whoAmI = Person(name: "Jennifer", department: "foreign language")
status(whoAmI)
```

(d)

```
// checking for protocol conformance
protocol GetArea {
    var area: Double {get}
}

class Circle: GetArea {
    var radius: Double
    init(radius: Double) {
        self.radius = radius
    }
    var area: Double {
        return radius * radius * 3.14159
    }
}


class Rectangle: GetArea {
    var width: Double
    var height: Double
    init(width: Double, height: Double) {
```

```
            self.width = width
            self.height = height
    }
    var area: Double {
        return width * height
    }
}


class What {
    var message: String
    init(message: String) {
        self.message = message
    }
}

let objects: [AnyObject] = [
    Circle(radius: 20.0),
    Rectangle(width:10, height: 20),
    What(message: "I Want to buy an iPhone 6")
]

for object in objects{
    print(object isGetArea)
}

for object in objects {
    if let objectArea = object as GetArea {
        print("面積為: \(objectArea.area)")
    } else {
        print("此物件無計算面積方法")
    }
}
```

(e)

```
class Staff: Codable {
    let name: String
    let title: String
    let department: String
    let years: Int

    init(name: String, title: String, department: String, years: Int) {
        self.name = name
        self.title = title
        self.department = department
```

```
        self.years = years
    }
}

let staff = Staff(name: "小蔡", title: "經理", department: "資訊部門", years:
12)

let encoder2 = JSONEncoder()
let XYZ_Company = try encoder2.encode(staff)
let string2 = String(data: XYZ_Company, encoding: .utf8)

let decoder2 = JSONDecoder()
let employee = try decoder2.decode(Staff.self, from: XYZ_Company)
let output2 = "\(employee.name) \(employee.title) \(employee.department)
\(employee.years)"
print(output2)
```

泛型

泛型(generic)程式,可使程式更具有彈性(flexible),並且可重複使用(reuse)。我們將從沒有使用泛型型態的一些範例談起,從中了解其缺點後,使用泛型型態來改善其缺點。最後,討論型態的限制與關連型態。

17.1 泛型型態

為了說明泛型型態的好處與重要性,將舉一些範例,如兩數對調、佇列的運作,以及氣泡排序法,加以探討如何解決同一問題,在不同型態的情況下的運作。先從前面已談過的兩數對調說起。

17.1.1 兩數對調

兩數對調先前已在函式那一章有討論過。程式如下所示:

📇 範例程式

```
01   // swap two integer numbers
02   func swapInts(a: inout Int, b: inout Int) {
03       let temp = a
04       a = b
05       b = temp
06   }
07
08   var oneInt = 100
09   var anotherInt = 200
```

```
10    print("Before swapped: ")
11    print("oneInt = \(oneInt), anotherInt = \(anotherInt) ")
12    swapInts(a: &oneInt, b: &anotherInt)
13    print("After swapped: ")
14    print("oneInt = \(oneInt), anotherInt = \(anotherInt) ")
```

輸出結果

```
Before swapped:
oneInt = 100, anotherInt = 200
After swapped:
oneInt = 200, anotherInt = 100
```

上述程式是將兩個整數對調,其中實際參數 oneInt 與 anotherInt 各加上&,
表示其為參考的型式(第 12 行),而在形式參數 a 與 b 參數後加上 inout 關
鍵字,表示此兩參數可加以更改(第 2 行)。若想要對調的不是整數,而是
字串時,則必須再撰寫另一程式,如下所示:

範例程式

```
01    // swap two strings
02    func swapStrings(a: inout String, b: inout String) {
03        let temp = a
04        a = b
05        b = temp
06    }
07
08    var oneString = "Hello"
09    var anotherString = "Swift"
10    print("Before swapped: ")
11    print("oneString = \(oneString), anotherString = \(anotherString) ")
12    swapStrings(a: &oneString, b: &anotherString)
13    print("After swapped: ")
14    print("oneString = \(oneString), anotherString = \(anotherString) ")
```

輸出結果

```
Before swapped:
oneString = Hello, anotherString = Swift
After swapped:
oneString = Swift, anotherString = Hello
```

發現程式中只有將 Int 改為 String 而已（第 2 行），其餘的步驟都是一樣的。同理，若想要對調兩個 Double 的浮點數時，勢必又要撰寫一程式表示之。程式如下所示：

範例程式

```
01    // swap two double numbers
02    func swapDoubles(a: inout Double, b: inout Double) {
03        let temp = a
04        a = b
05        b = temp
06    }
07
08    var oneDouble = 123.456
09    var anotherDouble = 654.321
10    print("Before swapped: ")
11    print("oneInt = \(oneDouble), anotherInt = \(anotherDouble) ")
12    swapDoubles(a: &oneDouble, b: &anotherDouble)
13    print("After swapped: ")
14    print("oneInt = \(oneDouble), anotherInt = \(anotherDouble) ")
```

輸出結果

```
Before swapped:
oneInt = 123.456, anotherInt = 654.321
After swapped:
oneInt = 654.321, anotherInt = 123.456
```

一樣的道理，只是將資料型態改為 Double 而已（第 2 行）。我們從這三個兩數對調的範例程式得知，明明只是型態不同而已，但卻要重新撰寫程式，這不太符合經濟效率。處理此問題與解決的方式則使用所謂的泛型型態的函式。程式如下所示：

範例程式

```
01    // swap using generic function
02    func swapData<T>(a: inout T, b: inout T) {
03        let temp = a
04        a = b
05        b = temp
```

```
06    }
07
08    var oneInt = 100
09    var anotherInt = 200
10    print("Before swapped: ")
11    print("oneInt = \(oneInt), anotherInt = \(anotherInt) ")
12    swapData(a: &oneInt, b: &anotherInt)
13    print("After swapped: ")
14    print("oneInt = \(oneInt), anotherInt = \(anotherInt) ")
15
16    var oneString = "Hello"
17    var anotherString = "Swift"
18    print("Before swapped: ")
19    print("oneInt = \(oneString), anotherInt = \(anotherString) ")
20    swapData(a: &oneString, b: &anotherString)
21    print("After swapped: ")
22    print("oneInt = \(oneString), anotherInt = \(anotherString) ")
23
24    var oneDouble = 123.456
25    var anotherDouble = 654.321
26    print("Before swapped: ")
27    print("oneInt = \(oneDouble), anotherInt = \(anotherDouble) ")
28    swapData(a: &oneDouble, b: &anotherDouble)
29    print("After swapped: ")
30    print("oneInt = \(oneDouble), anotherInt = \(anotherDouble) ")
```

輸出結果和上述三個範例程式相同。

接著來看程式中有關兩項資料的對調，首先是兩個整數的對調函式：

```
func swapInts(a: inout Int, b: inout Int) {
    let temp = a
    a = b
    b = temp
}
```

第二個是兩個字串的對調函式：

```
func swapStrings(a: inout String, b: inout String) {
    let temp = a
    a = b
    b = temp
}
```

最後是兩個 Double 浮點數的對調函式

```
func swapDoubles(a: inout Double, b: inout Double) {
    let temp = a
    a = b
    b = temp
}
```

看完上述三個對調函式後，你有沒有覺得處理的方式是一樣的，但卻要寫三支程式，其解決的方式可以泛型型態函式表示（第 2-6 行）。如下所示：

```
func swapData<T>(a: inout T, b: inout T) {
    let temp = a
    a = b
    b = temp
}
```

撰寫成泛型型態函式的步驟是先將不一樣的地方畫出，然後以 T 表示之，並且在函式名稱後加上 <T> 這樣就大功告成了。其中 T 是使用者自取的，當然也可以取別的名稱。之後我們將兩個整數（第 12 行）、兩個字串（第 20 行），以及兩個浮點數（第 28 行）加以對調。輸出結果與個別處理的範例程式是相同的。

17.1.2 佇列的運作

再舉一有關佇列的運作來說明泛型的好處。佇列 (queue) 和堆疊 (stack) 是資料結構的重要主題，在此僅以佇列為例，而堆疊就當做習題。

佇列就是排隊，先來的先服務，以下程式的 insert 表示將要被服務的對象加入於佇列尾端，利用 append 方法完成（第 5 行），而 delete 表示將被服務的對象從佇列的前端加以刪除，利用 remove(at: 0)方法完成（第 8 行）。程式如下所示：

📑 範例程式

```
01    //queue of integer data type
02    struct QueueInt {
03        var items = [Int]()
04        mutating func insert(item: Int) {
05            items.append(item)
```

```
06          }
07          mutating func delete() -> Int {
08              return items.remove(at: 0)
09          }
10      }
11
12      var queueOfInt = QueueInt()
13      queueOfInt.insert(item: 100)
14      queueOfInt.insert(item: 200)
15      queueOfInt.insert(item: 300)
16      queueOfInt.insert(item: 400)
17      queueOfInt.insert(item: 500)
18      print("Queue has following elements: ")
19      for i in queueOfInt.items {
20          print("\(i) ", terminator: "")
21      }
22      print("")
```

輸出結果

```
Queue has following elements:
100 200 300 400 500
```

將五個元素加入於佇列中（第 13-17 行），接著下一範例程式呼叫 delete 方法（第 23 行），表示有一人將被服務，此人就是排在佇列最前面的。如下所示：

範例程式

```
23      queueOfInt.delete()
24      print("Queue has following elements: ")
25      for i in queueOfInt.items {
26          print("\(i) ", terminator: "")
27      }
28      print("")
```

輸出結果

```
Queue has following elements:
200 300 400 500
```

緊接著是再呼叫 delete 二次（第 29-30 行），如下所示：

範例程式

```
29   queueOfInt.delete()
30   queueOfInt.delete()
31   print("Queue has following elements: ")
32   for i in queueOfInt.items {
33       print("\(i) ", terminator: "")
34   }
35   print("")
```

此時的輸出結果如下：

```
Queue has following elements:
400 500
```

最後再呼叫 insert 方法（第 36 行），將 600 加入於佇列中。其程式如下所示：

範例程式

```
36   queueOfInt.insert(item: 600)
37   print("Queue has following elements: ")
38   for i in queueOfInt.items {
39       print("\(i) ", terminator: "")
40   }
41   print("")
```

最後的輸出結果如下：

```
Queue has following elements:
400 500 600
```

同樣地，若是加入和刪除元素的資料型態是 Double 時，則程式如下：

範例程式

```
01   // queue of Double data type
02   struct QueueDouble {
```

```
03        var items = [Double]()
04        mutating func insert(item: Double) {
05            items.append(item)
06        }
07        mutating func delete() -> Double {
08            return items.remove(at: 0)
09        }
10    }
11
12    var queueOfDouble = QueueDouble()
13    queueOfDouble.insert(item: 11.1)
14    queueOfDouble.insert(item: 22.2)
15    queueOfDouble.insert(item: 33.3)
16    queueOfDouble.insert(item: 44.4)
17    queueOfDouble.insert(item: 55.5)
18    print("Queue has following elements: ")
19    for i in queueOfDouble.items {
20        print("\(i) ", terminator: "")
21    }
22    print("\n")
23
24    queueOfDouble.delete()
25    print("Queue has following elements: ")
26    for i in queueOfDouble.items {
27        print("\(i) ", terminator: "")
28    }
29    print("\n")
30
31    queueOfDouble.insert(item: 66.6)
32    print("After insert 66.6 , the queue has following elements: ")
33    for i in queueOfDouble.items {
34        print("\(i) ", terminator: "")
35    }
36    print("\n")
```

📄 輸出結果

```
Queue has following elements:
11.1 22.2 33.3 44.4 55.5

After delete 11.1, the queue has following elements:
```

```
22.2 33.3 44.4 55.5

After insert 66.6, the queue has following elements:
22.2 33.3 44.4 55.5 66.6
```

依此類推，若加入和刪除元素的資料型態是 String 時，則程式如下：

📄 範例程式

```
01  // queue of string data type
02  struct QueueString {
03      var items = [String]()
04      mutating func insert(item: String) {
05          items.append(item)
06      }
07      mutating func delete() -> String {
08          return items.remove(at: 0)
09      }
10  }
11
12  var queueOfString = QueueString()
13  queueOfString.insert(item: "Peter")
14  queueOfString.insert(item: "Mary")
15  queueOfString.insert(item: "Linda")
16  queueOfString.insert(item: "Amy")
17  queueOfString.insert(item: "Jennifer")
18  print("Queue has following elements: ")
19  for i in queueOfString.items {
20      print("\(i) ", terminator: "")
21  }
22  print("\n")
23
24  queueOfString.delete()
25  print("After delete Peter, the queue has following elements: ")
26  for i in queueOfString.items {
27      print("\(i) ", terminator: "")
28  }
29  print("\n")
30
31  queueOfString.insert(item: "Bright")
32  print("After insert bright, the queue has following elements: ")
```

```
33    for i in queueOfString.items {
34        print("\(i) ", terminator: "")
35    }
36    print("\n")
```

輸出結果

```
Queue has following elements:
Peter Mary Linda Amy Jennifer

After delete Peter, the queue has following elements:
Mary Linda Amy Jennifer

After insert Bright, the queue has following elements:
Mary Linda Amy Jennifer Bright
```

現在，將上述這三個運作於不同型態的佇列程式找出其相異之處，然後以泛型型態表示，如下所示：

```
// generic type
struct Queue<T> {
    var items = [T]()
    mutating func insert(item: T) {
        items.append(item)
    }
    mutating func delete() -> T {
        return items.remove(at: 0)
    }
}
```

像這樣的型式我們可稱之為泛型型態的結構，當然也可用於類別。完整的程式如下所示：

範例程式

```
01    // generic type
02    struct Queue<T> {
03        var items = [T]()
04        mutating func insert(item: T) {
05            items.append(item)
06        }
```

```
07      mutating func delete() -> T {
08          return items.remove(at: 0)
09      }
10  }
11
12  var queueOfInt = Queue<Int>()
13  queueOfInt.insert(item: 100)
14  queueOfInt.insert(item: 200)
15  queueOfInt.insert(item: 300)
16  queueOfInt.insert(item: 400)
17  queueOfInt.insert(item: 500)
18  print("The integer queue has following elements: ")
19  for i in queueOfInt.items {
20      print("\(i) ", terminator: "")
21  }
22  print("")
23
24  queueOfInt.delete()
25  print("After delete 100, the queue has following elements: ")
26  for i in queueOfInt.items {
27      print("\(i) ", terminator: "")
28  }
29  print("")
30
31  queueOfInt.insert(item: 600)
32  print("After insert 600, the queue has following elements: ")
33  for i in queueOfInt.items {
34      print("\(i) ", terminator: "")
35  }
36  print("\n")
37
38  var queueOfDouble = Queue<Double>()
39  queueOfDouble.insert(item: 11.1)
40  queueOfDouble.insert(item: 22.2)
41  queueOfDouble.insert(item: 33.3)
42  queueOfDouble.insert(item: 44.4)
43  queueOfDouble.insert(item: 55.5)
44  print("\nThe double queue has following elements: ")
45  for i in queueOfDouble.items {
```

```swift
46          print("\(i) ", terminator: "")
47     }
48     print("")
49
50     queueOfDouble.delete()
51     print("After delete 11.1, the queue has following elements: ")
52     for i in queueOfDouble.items {
53          print("\(i) ", terminator: "")
54     }
55     print("")
56
57     queueOfDouble.insert(item: 66.6)
58     print("After insert 66.6, the queue has following elements: ")
59     for i in queueOfDouble.items {
60          print("\(i) ", terminator: "")
61     }
62     print("\n")
63
64     var queueOfString = Queue<String>()
65     queueOfString.insert(item: "Peter")
66     queueOfString.insert(item: "Mary")
67     queueOfString.insert(item: "Linda")
68     queueOfString.insert(item: "Amy")
69     queueOfString.insert(item: "Jennifer")
70     print("\nThe string queue has following elements: ")
71     for i in queueOfString.items {
72          print("\(i) ", terminator: "")
73     }
74     print("")
75
76     queueOfString.delete()
77     print("After delete Peter, the queue has following elements: ")
78     for i in queueOfString.items {
79          print("\(i) ", terminator: "")
80     }
81     print("")
82
83     queueOfString.insert(item: "Bright")
84     print("After insert Bright, the queue has following elements: ")
```

```
85  for i in queueOfString.items {
86      print("\(i) ", terminator: "")
87  }
88  print("\n")
```

📑 輸出結果

```
The integer queue has following elements:
100 200 300 400 500
After delete 100, the queue has following elements:
200 300 400 500
After insert 600, the queue has following elements:
200 300 400 500 600

The double queue has following elements:
11.1 22.2 33.3 44.4 55.5
After delete 11.1, the queue has following elements:
22.2 33.3 44.4 55.5
After insert 66.6, the queue has following elements:
22.2 33.3 44.4 55.5 66.6

The string queue has following elements:
Peter Mary Linda Amy Jennifer
After delete Peter, the queue has following elements:
Mary Linda Amy Jennifer
After insert Bright, the queue has following elements:
Mary Linda Amy Jennifer Bright
```

到此，相信你對泛型型態應有一定的了解。以下我們將繼續討論其它主題。

17.2 型態限制

有時在處理泛型時，需要一些條件加進來才能處理，此稱為型態的限制 (type constraint)。我們將以二個範例來加以解釋說明。

17.2.1 找某一值位於陣列的何處

以下是一找尋某一字串在字串陣列的位置，其片段程式如下：

```
func searchData(array: [String], valueToSearch: String) ->Int? {
```

```
        for (index, value) in array.enumerated() {
            if value == valueToSearch {
                return index
            }
        }
        return nil
    }
```

其中

```
    for (index, value) in array.enumerated() {
```

在 for 迴圈 in 後面的 array 陣列名稱加上 .enumerated()，以及在 for 後面加上 (index, value)。

接下來是定義字串陣列。然後呼叫 searchData 函式。如下所示：

📑 範例程式

```
01  // search string data
02  func searchData(array: [String], valueToSearch : String) -> Int? {
03      for (index, value) in array.enumerated() {
04          if value == valueToSearch {
05              return index
06          }
07      }
08      return nil
09  }
10
11  let arrayOfType = ["Apple", "Guava", "Banana", "Kiwi", "Orange"]
12  let found = searchData(array: arrayOfType, valueToSearch: "Kiwi")
13  print("The index of Kiwi is \(found)")
14
15  let found2 = searchData(array: arrayOfType, valueToSearch: "Pineapple")
16  print("The index of Pineapple is \(found2)")
```

📑 輸出結果

```
The index of Kiwi is Optional(3)
The index of Pineapple is nil
```

同理也可以將上述的程式改為整數陣列，如下所示：

📲 範例程式

```
01 | // search integer data
02 | func searchData(array: [Int], valueToSearch : Int) -> Int? {
03 |     for (index, value) in array.enumerated() {
04 |         if value == valueToSearch {
05 |             return index
06 |         }
07 |     }
08 |     return nil
09 | }
10 |
11 | let arrayOfType = [10, 20, 30, 40, 50]
12 | let found = searchData(array: arrayOfType, valueToSearch: 50)
13 | print("The index of 50 is \(found)")
14 |
15 | let found2 = searchData(array: arrayOfType, valueToSearch: 60)
16 | print("The index of 60 is \(found2)")
```

📲 輸出結果

```
The index of 50 is Optional(4)
The index of 60 is nil
```

當然也可以定義一浮點數陣列，如下所示：

📲 範例程式

```
01 | // search double data
02 | func searchData(array: [Double], valueToSearch : Double) -> Int? {
03 |     for (index, value) in array.enumerated() {
04 |         if value == valueToSearch {
05 |             return index
06 |         }
07 |     }
08 |     return nil
09 | }
10 |
11 | let arrayOfType = [11.1, 22.2, 33.3, 44.4, 55.5]
```

```
12  let found = searchData(array: arrayOfType, valueToSearch: 22.2)
13  print("The index of 22.2 is \(found)")
14
15  let found2 = searchData(array: arrayOfType, valueToSearch: 66.6)
16  print("The index of 66.6 is \(found2)")
```

📑 輸出結果

```
The index of 22.2 is Optional(1)
The index of 66.6 is nil
```

現在可以將上述三個程式加以比較，然後以泛型的型態表示。先找出其相異
處，再以 T 取代之，如下所示：

📑 範例程式

```
01  func searchData<T: Equatable>(array: [T], valueToSearch : T) -> Int? {
02      for (index, value) in array.enumerated() {
03          if value == valueToSearch {
04              return index
05          }
06      }
07      return nil
08  }
09
10  let arrayofStrings = ["Apple", "Guava", "Banana", "Kiwi", "Orange"]
11  let found = searchData(array: arrayofStrings, valueToSearch: "Kiwi")
12  print("The index of Kiwi is \(found)")
13  let found2 = searchData(array: arrayofStrings, valueToSearch: "Pineapple")
14  print("The index of Pineapple is \(found2)")
15
16  let arrayOfInt = [11, 22, 33, 44, 55]
17  let found3 = searchData(array: arrayOfInt, valueToSearch: 55)
18  print("\nThe index of 55 is \(found3)")
19  let found4 = searchData(array: arrayOfInt, valueToSearch: 66)
20  print("The index of 66 is \(found4)")
21
22  let arrayOfDouble = [11.1, 22.2, 33.3, 44.4, 55.5]
23  let found5 = searchData(array: arrayOfDouble, valueToSearch: 22.2)
```

```
24    print("\nThe index of 22.2 is \(found5)")
25    let found6 = searchData(array: arrayOfDouble, valueToSearch: 66.6)
26    print("The index of 66.6 is \(found6)")
```

📑 輸出結果

```
The index of Kiwi is Optional(3)
The index of Pineapple is nil

The index of 55 is Optional(4)
The index of 66 is nil

The index of 22.2 is Optional(1)
The index of 66.6 is nil
```

唯一要注意的是，因為在泛型型態中有使用到相等的協定，所以必須在 T 之後加上 **Equatable**（第 1 行），否則會產生錯誤的訊息。

17.2.2 氣泡排序

再舉一例是大家所熟悉的氣泡排序 (bubble sort)。氣泡排序是兩兩相比較，若是由小由大，表示當前一個值比後一值大時，則必須交換，否則不變動。例如，想將一整數陣列的元素，由小至大排序(ascending)。此時的程式如下：

📑 範例程式

```
01    //sorting integer numbers
02    var arrOfInt = [10, 30, 5, 7, 2, 8, 18, 12]
03    print("Before sorted: ")
04    for i in arrOfInt {
05        print("\(i) ", terminator: "")
06    }
07
08    func bubbleSort(arr: inout [Int]) {
09        var flag: Bool
10        for i in 0..<arr.count-1 {
11            flag = false
12            for j in 0..<arr.count-i-1 {
13                if arr[j] > arr[j+1] {
14                    flag = true
```

```
15              let temp = arr[j]
16              arr[j] = arr[j+1]
17              arr[j+1] = temp
18          }
19       }
20       if flag == false {
21          break
22       }
23    }
24  }
25
26  bubbleSort(arr: &arrOfInt)
27  print("\n\nAfter sorted: ")
28  for j in arrOfInt {
29     print("\(j) ", terminator: "")
30  }
31  print("")
```

📋 輸出結果

```
Before sorted:
10 30 5 7 2 8 18 12

After sorted:
2 5 7 8 10 12 18 30
```

程式中還利用 Bool 型態的 flag 變數（第 9 行），以提高排序的效率。flag 主要的用意在於當其為 false 時，迴圈將會結束，也代表排序已完成。因為當兩個資料有交換時，flag 將被設為 true（第 14 行）。外迴圈的結束條件為小於 arr.count-1（第 10 行），表示要執行的次數，而內迴圈的結束條件為小於 arr.count-i-1（第 12 行）表示每一次執行時要比較的次數。

和上述兩數對調的範例程式一樣；若要排序 Double 浮點數時，則必須再撰寫一程式，如下所示：

📋 範例程式

```
01  // sorting double numbers
02  var arrOfDouble = [10.1, 30.2, 5.5, 7.23, 2.6, 8.8, 18.1, 12.9]
03  print("Before sorted: ")
```

```
04   for i in arrOfDouble {
05       print("\(i) ", terminator: "")
06   }
07
08   func bubbleSort(arr: inout [Double]) {
09       var flag: Bool
10       for i in 0..<arr.count-1 {
11           flag = false
12           for j in 0..<arr.count-i-1 {
13               if arr[j] > arr[j+1] {
14                   flag = true
15                   let temp = arr[j]
16                   arr[j] = arr[j+1]
17                   arr[j+1] = temp
18               }
19           }
20           if flag == false {
21               break
22           }
23       }
24   }
25
26   bubbleSort(arr: &arrOfDouble)
27   print("\n\nAfter sorted: ")
28   for j in arrOfDouble {
29       print("\(j) ", terminator: "")
30   }
```

📄 輸出結果

```
Before sorted:
10.1 30.2 5.5 7.23 2.6 8.8 18.1 12.9

After sorted:
2.6 5.5 7.23 8.8 10.1 12.9 18.1 30.2
```

這除了陣列的資料型態改以 Double 外，其餘的執行方式是相同的，同理，若要排序字串，則必須再撰寫一支程式，如下所示：

📑 範例程式

```
01   // sorting string
02   var arrOfString = ["Mary", "Peter", "Amy", "Jennifer", "Nancy", "Bright"]
03   print("Before sorted: ")
04   for i in arrOfString {
05       print("\(i) ", terminator: "")
06   }
07
08   func bubbleSort(arr: inout [String]) {
09       var flag: Bool
10       for i in 0..<arr.count-1 {
11           flag = false
12           for j in 0..<arr.count-i-1 {
13               if arr[j] > arr[j+1] {
14                   flag = true
15                   let temp = arr[j]
16                   arr[j] = arr[j+1]
17                   arr[j+1] = temp
18               }
19           }
20           if flag == false {
21               break
22           }
23       }
24   }
25
26   bubbleSort(arr: &arrOfString)
27
28   print("\n\nAfter sorted: ")
29   for j in arrOfString {
30       print("\(j) ", terminator: "")
31   }
```

📑 輸出結果

```
Before sorted:
Mary Peter Amy Jennifer Nancy Bright

After sorted:
Amy Bright Jennifer Mary Nancy Peter
```

和撰寫兩數對調的泛型型態函式相同，將這些函式不一樣的地方找出，並以 T 表示之，同時也在函式名稱後加上<T>，不過此次多了 comparable（以下範例程式第 2 行），因為主體內的程式使用比較運算子，所以要遵從 Comparable 的協定。我們將字串、整數、以及浮點數的排序以一程式表示，如下所示：

範例程式

```
01    // generic bubble sorting
02    func bubbleSort<T: Comparable>(arr: inout [T]) {
03        var flag: Bool
04
05        for i in 0..<arr.count-1 {
06            flag = false
07            for j in 0..<arr.count-i-1 {
08                if arr[j] > arr[j+1] {
09                    flag = true
10                    let temp = arr[j]
11                    arr[j] = arr[j+1]
12                    arr[j+1] = temp
13                }
14            }
15            if flag == false {
16                break
17            }
18        }
19    }
20
21    var arrOfString = ["Mary", "Peter", "Amy", "Jennifer", "Nancy", "Bright"]
22    print("Before sorted: ")
23    for i in arrOfString {
24        print("\(i) ", terminator: "")
25    }
26
27    bubbleSort(arr: &arrOfString)
28
29    print("\nAfter sorted: ")
30    for j in arrOfString {
31        print("\(j) ", terminator: "")
```

```
32      }
33
34      var arrOfInt = [12, 9, 8, 35, 2, 10, 17, 9]
35      print("\n\nBefore sorted: ")
36      for i in arrOfInt {
37          print("\(i) ", terminator: "")
38      }
39
40      bubbleSort(arr: &arrOfInt)
41
42      print("\nAfter sorted: ")
43      for j in arrOfInt {
44          print("\(j) ", terminator: "")
45      }
46
47      var arrOfDouble = [1.2, 2.9, 1.8, 3.5, 2.1, 1.1, 0.17, 0.9]
48      print("\n\nBefore sorted: ")
49      for i in arrOfDouble {
50          print("\(i) ", terminator: "")
51      }
52
53      bubbleSort(arr: &arrOfDouble)
54
55      print("\nAfter sorted: ")
56      for j in arrOfDouble {
57          print("\(j) ", terminator: "")
58      }
```

📑 輸出結果

```
Before sorted:
Mary Peter Amy Jennifer Nancy Bright
After sorted:
Amy Bright Jennifer Mary Nancy Peter

Before sorted:
12 9 8 35 2 10 17 7
After sorted:
2 7 8 9 10 12 17 35

Before sorted:
1.2 2.9 1.8 3.5 2.1 1.1 0.17 0.9
```

```
After sorted：
0.17 0.9 1.1 1.2 1.8 2.1 2.9 3.5
```

到現在為止，你是否有覺得泛型型態的好處多多。

17.3　關連型態

當定義一協定時，有時宣告一或多個關連型態當做協定的定義是很有用的。一般關連型態以 associatedtype 關鍵字表示（Swift 3 之前是 typealias）。我們以上一個有關佇列的範例式來做說明，程式如下所示：

```
// alias type
protocol ExtraInformation {
    associatedtype ItemType
    var count: Int {get}
    subscript(i: Int) -> ItemType {get}
}
```

此為 ExtraInformation 協定，它宣告一關連型態 ItemType。

```
struct QueueInt: ExtraInformation {
    var items = [Int]()
    mutating func insert(item: Int) {
        items.append(item)
    }
    mutating func delete() -> Int {
        return items.remove(at: 0)
    }

    //comformance to the ExtraInformation Protocol
    typealias ItemType = Int
    var count: Int {
        return items.count
    }
    subscript(i: Int) -> Int {
        return items[i]
    }
}
```

結構 QueueInt，採納 ExtraInformation 協定，因此必須加以實作協定所訂定的屬性與方法。其中

typealias ItemType = Int

即為關連型態，將 int 指定給 ItemType。所以 ItemType 是 Int 的別名。

接下來定義一 queueInt 為結構 QueueInt 的變數。將 100、200、300、400、500 加入於佇列中。之後再執行 insert 與 delete 的動作。其完整的程式如下所示：

📑 範例程式

```
01  // alias type
02  protocol ExtraInformation {
03      associatedtype ItemType
04      var count: Int {get}
05      subscript(i: Int) -> ItemType {get}
06  }
07
08  struct QueueInt: ExtraInformation {
09      var items = [Int]()
10      mutating func insert(item: Int) {
11          items.append(item)
12      }
13      mutating func delete() {
14          items.remove(at: 0)
15      }
16
17      // comformance to the ExtraInformation Protocol
18      typealias ItemType = Int
19      var count: Int {
20          return items.count
21      }
22      subscript(i: Int) -> Int {
23          return items[i]
24      }
25  }
26
27  var queueOfInt = QueueInt()
```

```
28     queueOfInt.insert(item: 100)
29     queueOfInt.insert(item: 200)
30     queueOfInt.insert(item: 300)
31     queueOfInt.insert(item: 400)
32     queueOfInt.insert(item: 500)
33     print("陣列中有\(queueOfInt.count)個元素: ")
34     for i in queueOfInt.items {
35         print("\(i) ", terminator: "")
36     }
37     print("\n")
38
39     queueOfInt.delete()
40     print("刪除100 後，陣列中有\(queueOfInt.count)個元素: ")
41     for i in queueOfInt.items {
42         print("\(i) ", terminator: "")
43     }
44     print("\n")
45
46     queueOfInt.insert(item: 600)
47     print("加入600 後，陣列中有\(queueOfInt.count)個元素: ")
48     for i in queueOfInt.items {
49         print("\(i) ", terminator: "")
50     }
51     print("\n")
52
53     print("queueOfInt[2] = \(queueOfInt[2])")
54     print("")
```

📑 輸出結果

```
陣列中有 5 個元素
100 200 300 400 500

刪除 100 後，陣列中有 4 個元素
200 300 400 500

加入 600 後，陣列中有 5 個元素
200 300 400 500 600

queueOfData[2] = 400
```

若佇列的元素是字串的話，則完整程式如下：

範例程式

```
01  protocol ExtraInformation {
02      associatedtype ItemType
03      var count: Int {get}
04      subscript(i: Int) -> ItemType {get}
05  }
06
07  struct QueueString: ExtraInformation {
08      var items = [String]()
09      mutating func insert(item: String) {
10          items.append(item)
11      }
12      mutating func delete() {
13          items.remove(at: 0)
14      }
15
16      //comformance to the ExtraInformation Protocol
17      typealias ItemType = String
18       var count: Int {
19          return items.count
20      }
21      subscript(i: Int) -> String {
22          return items[i]
23      }
24  }
25
26  var queueOfString = QueueString()
27  queueOfString.insert(item: "Peter")
28  queueOfString.insert(item: "Nancy")
29  queueOfString.insert(item: "Linda")
30  queueOfString.insert(item: "Jennifer")
31  queueOfString.insert(item: "Amy")
32  print("陣列中有\(queueOfString.count)個元素: ")
33  for i in queueOfString.items {
34      print("\(i) ", terminator: "")
35  }
```

```
36    print("\n")
37
38    queueOfString.delete()
39    print("刪除Peter 後，陣列中有\(queueOfString.count)個元素: ")
40    for i in queueOfString.items {
41        print("\(i) ", terminator: "")
42    }
43    print("\n")
44
45    queueOfString.insert(item: "John")
46    print("加入 John 後，陣列中有\(queueOfString.count)個元素: ")
47    for i in queueOfString.items {
48        print("\(i) ", terminator: "")
49    }
50    print("\n")
51
52    print("queueOfInt[2] = \(queueOfString[2])")
53    print("")
```

📝 輸出結果

```
陣列中有 5 個元素:
Peter Nancy Linda Jennifer Amy

刪除 Peter 後，陣列中有 4 個元素:
Nancy Linda Jennifer Amy

加入 John 後，陣列中有 5 個元素:
Nancy Linda Jennifer Amy John

queueOfInt[2] = Jennifer
```

其實這一範例程式和上一程式只是將 Int 型態改為 String，所以陣列元素是字串。當然佇列是 Double 浮點數，還是要再撰寫一程式。我們以這兩個程式加以比較，就可以將其改為泛型型態。程式如下所示：

📝 範例程式

```
01    protocol ExtraInformation {
02        associatedtype ItemType
03        var count: Int {get}
```

```
04        subscript(i: Int) -> ItemType {get}
05    }
06
07    struct QueueType<T>: ExtraInformation {
08        var items = [T]()
09        mutating func insert(item: T) {
10            items.append(item)
11        }
12        mutating func delete() {
13            items.remove(at: 0)
14        }
15
16        //comformance to the ExtraInformation Protocol
17        typealias ItemType = T
18        var count: Int {
19            return items.count
20        }
21        subscript(i: Int) -> T {
22            return items[i]
23        }
24    }
25
26    var queueOfData = QueueType<Int>()
27    queueOfData.insert(item: 100)
28    queueOfData.insert(item: 200)
29    queueOfData.insert(item: 300)
30    queueOfData.insert(item: 400)
31    queueOfData.insert(item: 500)
32    print("陣列中有\(queueOfData.count)個元素")
33    for i in queueOfData.items {
34        print("\(i) ", terminator: "")
35    }
36    print("\n")
37
38    queueOfData.delete()
39    print("刪除100 後，陣列中有\(queueOfData.count)個元素")
40    for i in queueOfData.items {
41        print("\(i) ", terminator: "")
42    }
```

```
43   print("\n")
44
45   queueOfData.insert(item: 600)
46   print("加入 600 後，陣列中有\(queueOfData.count)個元素")
47   for i in queueOfData.items {
48       print("\(i) ", terminator: "")
49   }
50   print("\n")
51
52   print("queueOfData[2] = \(queueOfData[2])")
53   print("")
```

輸出結果如同上述的整數佇列。

您也可以依樣畫葫蘆，以字串或浮點數佇列加以驗證之，這就當做自我練習題。

自我練習題

1. 以泛型的方式實作堆疊的加入與刪除。

2. 以下程式皆有些許的 bugs，請你加以 debug，順便測驗你對本章了解
   的程度。

   (a)

```
struct QueueString {
    var items = [String]()
    mutating func insert(item: String) {
        items.append(item)
    }
    mutating func delete() {
        items.remove(0)
    }
}

var queueOfString = QueueOfString()
queueOfString.insert(Guava)
queueOfString.insert(Apple)
queueOfString.insert(Orange)
queueOfString.insert(Kiwi)
queueOfString.insert(Mango)
print("Queue has following elements: ")
for i in queueOfString.items {
    print("\(i) ")
}
print("")

queueOfString.delete()
println("Queue has following elements: ")
for i in queueOfString.items {
    print("\(i) ", terminator: "")
}
print("")

queueOfString.delete()
queueOfString.delete()
print("Queue has following elements: ")
```

```
for i in queueOfString.items {
    print("\(i) ", terminator: "")
}
print("")

queueOfString.insert(Pearl)
println("Queue has following elements: ")
for i in queueOfString.items {
    print("\(i) ", terminator())
}
print("")
```

(b)

```
func searchData<T>(array: [T], valueToSearch : T) -> Int? {
    for (index, value) in enumerate(array) {
        if value == valueToSearch {
            return index
        }
    }
    return nil
}

let arrayofStrings = ["Apple", "Guava", "Banana", "Kiwi", "Orange"]
let found = searchData(arrayofStrings, "Kiwi")
print("The index of Kiwi is \(found)")
let found2 = searchData(arrayofStrings, "Pineapple")
print("The index of Pineapple is \(found2)")

let arrayOfInt = [11, 22, 33, 44, 55]
let found3 = searchData(arrayOfInt, 55)
print("\nThe index of 55 is \(found3)")
let found4 = searchData(arrayOfInt, 66)
print("The index of 66 is \(found4)")

let arrayOfDouble = [11.1, 22.2, 33.3, 44.4, 55.5]
let found5 = searchData(arrayOfDouble, 22.2)
print("\nThe index of 22.2 is \(found5)")
let found6 = searchData(arrayOfDouble, 66.6)
print("The index of 66.6 is \(found6)")
```

(c)

```swift
//generic bubble sorting
func bubbleSort<T>(arr: [T]) {
    var flag: Bool
    var i: Int, j: Int

    for i=0; i<arr.count-1; i++ {
        flag = false
        for j=0; j<arr.count-i-1; j++ {
            if arr[j] > arr[j+1] {
                flag = true
                let temp = arr[j]
                arr[j] = arr[j+1]
                arr[j+1] = temp
            }
        }
        if flag == false {
            break
        }
    }
}

var arrOfString = ["Mary", "Peter", "Amy", "Jennifer", "Nancy", "Bright"]
print("\nBefore sorted: ")
for i in arrOfString {
    print("\(i) ", terminator: "")
}

bubbleSort(arrOfString)

println("\nAfter sorted: ")
for j in arrOfString {
    print("\(j) ", terminator: "")
}

var arrOfInt = [12, 9, 8, 35, 2, 10, 17, 9]
print ("\n\nBefore sorted: ")
for i in arrOfInt {
    print("\(i) ", terminator: "")
}

bubbleSort(arrOfInt)

print("\nAfter sorted: ")
```

```
for j in arrOfInt {
    print("\(j) ", terminator: "")
}

var arrOfDouble = [1.2, 2.9, 1.8, 3.5, 2.1, 1.1, 0.17, 0.9]
print("\n\nBefore sorted: ")
for i in arrOfDouble {
    print("\(i) ", terminator: "")
}

bubbleSort(arrOfDouble)

println("\nAfter sorted: ")
for j in arrOfDouble {
    print("\(j) ", terminator: "")
}
print("")
```

3.　請修改本章的最後一個範例，將字串或浮點數加入於佇列，並加以驗證
　　其結果。

18
CHAPTER

位元運算子與運算子函式

本章將探討基本的位元運算子、以及如何利用位元運算做一些遮罩 (mask)、具有乘除功能以及將兩數對調等問題，最後撰寫一些運算子函式來執行特定的工作。

18.1 位元運算子

Swift 的位元運算子(bitwise operator)計有&(且)、|(或)、^(互斥或)、~(反)、<<(左移)，及>>(右移)。位元運算子比關係運算子來得低，而比邏輯運算子來得高，但~、<<、>> 是例外。位元運算子的結合性也是由左至右。其中 & 運算子，表示兩個位元皆為 1 時，結果才為 1，否則為 0。如表 18-1 所示：

表 18-1 位元運算子 & 的真值表

位元 1	位元 2	位元 1 & 位元 2
0	0	0
0	1	0
1	0	0
1	1	1

位元的 | 運算子，表示兩個位元中，只要其中一個位元為 1，其結果將為 1。如表 18-2 所示：

表 18-2　位元運算子 | 的真值表

位元 1	位元 2	位元 1	位元 2
0	0	0
0	1	1
1	0	1
1	1	1

位元 ^ 運算子，表示兩個位元若不相同時，其結果才為 1，否則為 0。如表 18-3 所示：

表 18-3　位元運算子 ^ 的真值表

位元 1	位元 2	位元 1 ^ 位元 2
0	0	0
0	1	1
1	0	1
1	1	0

位元 ~ 運算子，表示將位元為 1，變為 0，或是將位元為 0，變為 1。如 18-4 表所示：

表 18-4　位元運算子 ~ 的運算

位元	~ 位元
0	1
1	0

讓我們來看一些範例程式。

範例程式

```
01   // bitwise operaator
02   let a: Int16 = 0b0000000000011101
03   let b: Int16 = 0b0000000000010101
04   var c: Int16
05
06   c = a & b
```

```
07 │   print("\(a) & \(b) = \(c)")
08 │
09 │   c = a | b
10 │   print("\(a) | \(b) = \(c)")
11 │
12 │   c = a ^ b
13 │   print("\(a) ^ \(b) = \(c)")
14 │
15 │   c = ~a
16 │   print("~\(a) = \(c)")
```

輸出結果

```
29 & 21 = 21
29 | 21 = 29
29 ^ 21 = 8
~29 = -30
```

在範例程式中，b1 是 29，以二進位表示為

```
0000 0000 0001 1101
```

而 b2 是 21，以二進位表示為

```
0000 0000 0001 0101
```

利用上述的表格可以輕易求出其值。

如上述的 b1 與 b2 以「且」的位元運算子(&)運算時，其結果如下：

```
    0000 0000 0001 1101
&   0000 0000 0001 0101
    0000 0000 0001 0101
```

之後，將 0000 0000 0001 0101 轉換為十進位，其值為 21。

若是以「或」的位元運算子(|)運算時，其結果如下：

```
    0000 0000 0001 1101
|   0000 0000 0001 0101
    0000 0000 0001 1101
```

之後，將 0000 0000 0001 1101 轉換為十進位，其值為 29。

若是以 ^ 運算子運算時，其結果如下：

```
  0000 0000 0001 1101
^ 0000 0000 0001 0101
  0000 00000000 1000
```

之後，將 0000 00000000 1000 轉換為十進位，其值為 8。

若是以 ~ 運算子運算 b1 時，其結果如下：

```
~ 0000 0000 0001 1101
  1111 1111 1110 0010
```

之後，將 1111 1111 1110 0010 轉換為十進位。由於最左邊的位元是 1，所以得知其值為負的，因此，將其轉換為 2 補數。1111 1111 1110 0010 的 1 補數為 0000 0000 0001 1101，將此值加 1 即變為 2 補數，所以最後的答案是 0000 0000 0001 1110，轉換為十進位，其值為 -30。

18.1.1 用來判斷與設定位元的狀態

位元 & 與 | 運算子常用來處理遮罩(mask)的問題。&常用來判斷哪些位元是 1，而 | 常用來將某些位元設為 1。程式如下所示：

📑 範例程式

```
01  var aValue: UInt8 = 17
02  var result: UInt8
03  let mask1: UInt8 = 0x0f
04  let mask2: UInt8 = 0xf0
05
06  // 判斷最右邊的 4 位元哪一個位元是 1
07  result = aValue & mask1
08  print("\(aValue) & 00001111 = \(result)")
09
10  // 判斷最左邊的 4 位元哪一個位元是 1
11  result = aValue & mask2
12  print("\(aValue) & 11110000 = \(result)")
13
14  // 設定最右邊的 4 位元為 1
15  result = aValue | mask1
```

```
16   print("\(aValue) | 00001111 = \(result)")
17
18   // 設定最左邊的 4 位元為 1
19   result = aValue | mask2
20   print("\(aValue) | 11110000 = \(result)")
```

📱 輸出結果

```
17 & 00001111 = 1
17 & 11110000 = 16
17 | 00001111 = 31
17 | 11110000 = 241
```

在程式已加上註解了，所以您可以很清楚每一運算式的作用。

mask1 是 0x0f，二進位為 0000 1111，將它與 aValue 的 17，由於它是 UInt8 的資料型態，所以它佔 1 個 bytes，共 8 個位元，以二進位表示為 0001 0001，當 mask1(0000 1111) 與 aValue(0001 0001) 執行 & 的運算，其結果為 0000 0001，表示由右至左，只有第 1 個位元為 1。0000 0001 的十進位值為 1。當 mask2(1111 0000) 與 aValue(0001 0001) 執行 & 的運算，其結果為 0001 0000，表示由右至左，只有第 5 個位元為 1，0001 0000 的十進位值為 16。

同理，當 mask1(0000 1111) 與 aValue(0001 0001) 執行 | 的運算，其結果為 0001 1111，表示由右至左，第 1 個到第 5 個位元皆為 1，0001 1111 的十進位值為 31。當 mask2(1111 0000) 與 aValue(0001 0001) 執行 | 的運算，其結果為 1111 0001，表示由右至左，第 1 個及第 5 到第 8 個位元皆為 1，1111 0001 的十進位值為 241。

至目前為止所看過的運算子，我們以表 18-5 做個摘要。

表 18-5 是 Swift 有關運算子的運算優先順序與結合性的資訊，愈上面的運算子，其運算順序愈高，所以是由上往下遞減之。

表 18-5　Swift 運算子的運算優先順序與結合性

運算子	結合性
! ~	由右至左
* / %	由左至右
+ -	由左至右
<< >>	由左至右

運算子	結合性
< <= > >=	由左至右
== !=	由左至右
&	由左至右
^	由左至右
|	由左至右
&&	由左至右
||	由左至右
= += -= *= /= %=	由右至左

18.1.2 用來當做乘、除的功能

接下來,我們來敘述位元左移運算子的功能,它好比將某數乘以 2^n。而位元右移運算子的功能,則好比是將某數除以 2^n。程式如下所示:

📱 範例程式

```
01  let p: UInt16 = 64
02  var result: UInt16
03  result = p << 2
04  print("\(p) << 2 = \(result)")
05
06  result = p >> 2
07  print("\(p) >> 2 = \(result)")
```

📱 輸出結果

```
64 << 2 = 256
64 >> 2 = 16
```

程式設定 p 為 64,以二進位表示為 0000 0000 0100 0000,當它左移 2 個 bits 時,其結果為 0000 0001 0000 0000,此十進位值為 256。所以當變數值左移 2 個位元時,相當於將此變數值乘以 2^2,亦即將 64 乘以 4。

若將 p 右移 2 個 bits 時,其結果為 0000 0000 0001 0000,此十進位值為 16。所以當變數值右移 2 個位元時,相當於將此變數值除以 2^2,亦即將 64 除以 4。

18.1.3 用來將兩數對調

一般我們在處理兩數對調時，需要藉助一暫時的變數。程式如下所示：

📑 範例程式

```
01   var myScore = 100, yourScore = 80
02   print("對調前：myScore = \(myScore), yourScore = \(yourScore)")
03
04   // 兩數對調動作
05   let temp = myScore
06   myScore = yourScore
07   yourScore = temp
08
09   print("對調後：myScore = \(myScore), yourScore = \(yourScore)")
```

📑 輸出結果

```
對調前：myScore = 100, yourScore = 80
對調後：myScore = 80, yourScore = 100
```

一般對調的動作如下所示：

```
// 兩數對調動作
let temp = myScore
myScore = yourScore
yourScore = temp
```

藉助第三個變數 temp，經由上述的三個步驟，就可以將 myScore 與 yourScore 對調。但若以位元運算子 ^，則不需要有暫時的變數。程式如下所示：

📑 範例程式

```
01   var myScore = 100, yourScore = 80
02   print("對調前：myScore = \(myScore), yourScore = \(yourScore)")
03
04   // 兩數對調動作
05   myScore = myScore ^ yourScore
06   yourScore = yourScore ^ myScore
07   myScore  = myScore ^ yourScore
08
09   print("對調後：myScore = \(myScore), yourScore = \(yourScore)")
```

🔍 輸出結果

```
對調前：myScore = 100, yourScore = 80
對調後：myScore = 80, yourScore = 100
```

讓我們來驗證一下這有趣的問題。b1 = 10，b2 = 20，以二進位分別表示如下，首先執行

```
b1 = b1 ^ b2;

b1: 0000 0000 0000 1010
b2: 0000 0000 0001 0100
```

經由 ^ 運算後的結果為

```
0000 0000 0001 1110
```

將此指定給 b1。再來執行

```
b2 = b2 ^ b1;

b2: 0000 0000 0001 0100
b1: 0000 0000 0001 1110
```

經由 ^ 運算後的結果為

```
0000 00000000 1010
```

將此指定給 b2。最後執行

```
b1 = b1 ^ b2;

b1: 0000 0000 0001 1110
b2: 0000 0000 0000 1010
```

經由 ^ 運算後的結果為

```
0000 0000 0001 0100
```

將此指定給 b1。

所以最後的 b1 為 0000 0000 0001 0100，相當於十進位的 20。而 b2 為 0000 0000 0000 1010，相當於十進位的 10。由此可見，經由三次的 ^ 運算後，也可將兩數對調。

18.2 運算子函式

類別和結構提供一些所謂多載運算子 (overloading operator) 來實作已存在的運算子。而對於客製化的結構問題則須藉助運算子函式 (operator function)。以下我們將一一討論多載運子、prefix 與 postfix 運算子函式。

18.2.1 多載運算子 +

首先來看多載運算子 + 。以下是針對複數 (complex number) 的相加撰寫其相關的運算子函式。複數包括實數 (real) 與虛數 (imaginary)兩部份。由於現成的加法運算子(+) 只能運作於基本的資料型態，所以我們要自訂一可以處理複數相加的運算子函式，程式如下所示：

📑 範例程式

```
01  // operator function
02  struct Complex {
03      var a = 0
04      var b = 0
05  }
06
07  func + (complex1: Complex, complex2: Complex) -> Complex {
08      return Complex(a: complex1.a + complex2.a, b: complex1.b + complex2.b)
09  }
10
11  let oneObject = Complex(a: 5, b: 3)
12  let anotherObject = Complex(a: 2, b: 2)
13  let sumComplex = oneObject + anotherObject
14  print("\(sumComplex.a) + \(sumComplex.b)i" )
```

📑 輸出結果

```
7 + 5i
```

從輸出結果可了解將兩個複數 5+3i 和 2+2i 相加的情形。

18.2.2 prefix 與 postfix 運算子

接著我們來看有關 prefix 與 postfix 運算子。這些運算子與單元運算子有關，可能是正、負號運算子或是前置與後繼運算子。

下一範例程式是將複數 5+3i，利用 prefix 運算子將虛數改為負號。程式如下所示：

📘 範例程式

```
01  // prefix
02  struct Complex {
03      var a = 0
04      var b = 0
05  }
06
07  prefix func - (complexObject: Complex) -> Complex {
08      return Complex(a: complexObject.a , b: -complexObject.b)
09  }
10
11  let oneObject = Complex(a: 5, b: 3)
12  let negativeObject = -oneObject
13  print("\(negativeObject.a)\(negativeObject.b)i" )
```

📘 輸出結果

```
5-3i
```

一般而言，正號比較少用，因為數值的預設符號為正的。接下來的範例程式將討論有關前置或後繼遞增運算子，分別利用 prefix 與 postfix 來完成任務。

18.2.3　複合指定運算子

複合指定運算子 (compound assignment operator) 結合等號運算子(=) 與其它
運算子，如算術指定運算子(+=) 即結合算術運算子與等號運算子，使得加法
和指定以一單行的型式表示。這一類的實作在運算子左邊的變數參數需加上
inout。程式如下所示：

📑 範例程式

```
01   struct Complex {
02       var a = 0
03       var b = 0
04   }
05
06   func + (complex1: Complex, complex2: Complex) -> Complex {
07       return Complex(a: complex1.a + complex2.a, b: complex1.b + complex2.b)
08   }
09
10   func += (complex1: inout Complex, complex2: Complex) {
11       complex1 = complex1 + complex2
12   }
13
14   var oneObject = Complex(a: 5, b: 3)
15   let anotherObject = Complex(a: 2, b: 2)
16   oneObject += anotherObject
17   print("\(oneObject.a)+\(oneObject.b)i" )
```

🔍 輸出結果

```
7+5i
```

值得注意的是

```
func += (complex1: inout Complex, complex2: Complex) {
    complex1 = complex1 + complex2
}
```

由於 complex1 是運算式左邊的變數，所以必須加上 inout（第 10 行），因為
complex1 的值將會受改變。

接下來將論述遞增運算子和相等運算子程式。先來看前置遞增運算子 ++。程式如下所示：

範例程式

```
01   // prefix operator
02   struct Complex {
03       var a = 0
04       var b = 0
05   }
06
07   func + (complex1: Complex, complex2: Complex) -> Complex {
08       return Complex(a: complex1.a + complex2.a, b: complex1.b + complex2.b)
09   }
10
11   func += (complex1: inout Complex, complex2: Complex) {
12       complex1 = complex1 + complex2
13   }
14
15   prefix func ++ (complex: inout Complex) -> Complex {
16       complex += Complex(a: 1, b: 1)
17       return complex
18   }
19
20   var toIncrement = Complex(a: 5, b: 4)
21   let out = ++toIncrement
22
23   print("\(toIncrement.a)+\(toIncrement.b)i" )
24   print("\(out.a)+\(out.b)i" )
```

輸出結果

```
6+5i
6+5i
```

其中有定義一前置遞增運算子，如下所示：

```
prefix func ++ (complex: inout Complex) -> Complex {
    complex += Complex(a: 1, b: 1)
    return complex
}
```

將參數 complex 以 += 運算子將複數的實數和虛數加上 1，然後指定給 complex，所以必須將參數設為 inout。從輸出結果得知，它符合先將加 1 再指定的原則。這是前置的 ++ 運算子函式，您也可以撰寫一個後繼 ++ 運算子函式，程式如下所示：

```
postfix func ++ (complex: inout Complex) -> Complex {
    defer {
        complex += Complex(a: 1, b: 1)
    }
    return complex
}
```

我們發現後繼 ++ 運算子多了 defer { } 的敘述。

接下來，我們來討論有關等於 (==) 與不等於 (!=) 運算子。請看以下的範例程式：

範例程式

```
01  // equivalance operator
02  struct Complex {
03      var a = 0
04      var b = 0
05  }
06
07  func == (complex1: Complex, complex2: Complex) -> Bool {
08      return (complex1.a == complex2.a) && (complex1.b == complex2.b)
09  }
10
11  func != (complex1: Complex, complex2: Complex) -> Bool {
12      return !(complex1 == complex2)
13  }
14
15  let obj1 = Complex(a: 5, b: 3)
16  let obj2 = Complex(a: 5, b: 3)
17  if obj1 == obj2 {
18      print("These two complex numbers are equivalent.")
19  }
```

輸出結果

```
These two complex numbers are equivalent.
```

從輸出結果可看出這兩個複數是相等的。

18.2.4 客製化運算子

除此之外，您也可以使用 operator 關鍵字並宣告 prefix 、infix 或 postfix 來自訂運算子函式，例如我們客製化 +++ 運算子函式，將某一 complex 的實數與虛數分別自己相加，亦即將實數和虛數乘以 2。程式如下所示：

範例程式

```
01 | // customize operator
02 | struct Complex {
03 |     var a = 0
04 |     var b = 0
05 | }
06 |
07 | func + (complex1: Complex, complex2: Complex) -> Complex {
08 |     return Complex(a: complex1.a + complex2.a, b: complex1.b + complex2.b)
09 | }
10 |
11 | func += (complex1: inout Complex, complex2: Complex) {
12 |     complex1 = complex1 + complex2
13 | }
14 |
15 | prefix operator +++
16 | prefix func +++ (complex: inout Complex) -> Complex {
17 |     complex += complex
18 |     return complex
19 | }
20 |
21 | var obj3 = Complex(a: 5, b: 3)
22 | let obj4 = +++obj3
23 | print("\(obj3.a)+\(obj3.b)i" )
24 | print("\(obj4.a)+\(obj4.b)i" )
```

📑 輸出結果

```
10+6i
10+6i
```

程式中值得注意的是第 15~19 行

```
prefix operaotr +++
prefix func +++ (complex: inout Complex) -> Complex {
    complex += complex
    return complex
}
```

首先是

```
prefix operator +++
```

表示宣告一客製化的運算子函式 +++。接著如同 ++ 運算子函式一般，由於 complex 值會改變，所以必須加上 inout。而

```
complex += complex
```

表示將自已加自已，亦即乘以 2 的意思。這是前置的 +++ 運算子函式，您也可以撰寫一個客製化的後繼 +++ 運算子函式，這就當做習題讓您練習一下。

自我練習題

1. 請實作 18.2.3 複合指定運算子中有關 postfix 的 ++ 函式，做法和 prefix ++ 類似，若以下述片段程式測試時，

```
var anotherIncrement = Complex(a: 10, b: 5)
let out2 = anotherIncrement++

print("\(out2.a)+\(out2.b)i" )
print("\(anotherIncrement.a)+\(anotherIncrement.b)i" )
```

其輸出結果如下：

```
10+5i
11+6i
```

2. 請實作 18.2.4 客製化運算子 postfix 的 +++ 函式，做法和 prefix +++ 類似，若以下述片段程式測試時，

```
var obj3 = Complex(a: 5, b: 3)
let obj4 = obj3+++

print("\(obj4.a)+\(obj4.b)i" )
print("\(obj3.a)+\(obj3.b)i" )
```

其輸出結果如下：

```
5+3i
10+6i
```

3. 試問以下程式的輸出結果：

(a)

```
let p: UInt16 = 64
var result: UInt16
result = p << 3
println("\(p) << 3 = \(result)")

result = p>>3
print("\(p)>> 3 = \(result)")
```

(b)

```
var aValue: UInt8 = 13
var result: UInt8
let mask1: UInt8 = 0x0f
let mask2: UInt8 = 0xf0

result = aValue & mask1
// 判斷最右邊的 4 位元哪一個位元是 1
print("\(aValue) & 00001111 = \(result)")

result = aValue & mask2
// 判斷最左邊的 4 位元哪一個位元是 1
print("\(aValue) & 11110000 = \(result)")

// 設定最右邊的 4 位元為 1
result = aValue | mask1
print("\(aValue) | 00001111 = \(result)")

// 設定最左邊的 4 位元為 1
result = aValue | mask2
print("\(aValue) | 11110000 = \(result)")
```

(c)

```
// bitwise operaator
let a: Int16 = 0b0000000000011011
let b: Int16 = 0b0000000000010101
var c: Int16

c = a & b
print("\(a) & \(b) = \(c)")

c = a | b
print("\(a) | \(b) = \(c)")

c = a ^ b
print("\(a) ^ \(b) = \(c)")

c = ~a
print("~\(a) = \(c)")
```

4. 以下的程式有些許的錯誤，可否請你 debug 一下，順便測驗您對本章的了解的程度。

(a)

```
var myScore = 100, yourScore = 80
print("對調前：myScore = \(myScore), yourScore = \(yourScore)")

//兩數對調動作
myScore = myScore ^ yourScore
yourScore = yourScore ^ myScore

print("對調後：myScore = \(myScore), yourScore = \(yourScore)")
```

(b)

```
struct Complex {
    var a = 0
    var b = 0
}

func + (complex1: Complex, complex2: Complex) -> Complex {
    return Complex(a: complex1.a + complex2.a, b: complex1.b + complex2.b)
}

func += (complex1: Complex, complex2: Complex) {
    complex1 = complex1 + complex2
}

var oneObject = Complex(a: 5, b: 3)
let anotherObject = Complex(a: 2, b: 2)
oneObject += anotherObject
print("\(oneObject.a)+\(oneObject.b)i" )
```

(c)

```
// customize operator
struct Complex {
    var a = 0
    var b = 0
}

func + (complex1: Complex, complex2: Complex) -> Complex {
    return Complex(a: complex1.a + complex2.a, b: complex1.b + complex2.b)
}
```

```
func += (inout complex1: Complex, complex2: Complex) {
    complex1 = complex1 + complex2
}

prefix +++ {}
func +++ (complex: Complex) -> Complex {
    complex += complex
    return complex
}

var obj3 = Complex(a: 5, b: 3)
let obj4 = +++obj3
print("\(obj3.a)+\(obj3.b)i" )
print("\(obj4.a)+\(obj4.b)i" )
```

(d)

```
// customize operator
struct Complex {
    var a = 0
    var b = 0
}

func + (complex1: Complex, complex2: Complex) -> Complex {
    return Complex(a: complex1.a + complex2.a, b: complex1.b + complex2.b)
}
func += (inout complex1: Complex, complex2: Complex) {
    complex1 = complex1 + complex2
}

prefix +++ {}
postfix func +++ (complex: Complex) -> Complex {
    complex += complex
    return complex
}

var obj5 = Complex(a: 5, b: 3)
let obj6 = obj5+++
print("\(obj5.a)+\(obj5.b)i" )
print("\(obj6.a)+\(obj6.b)i" )
```

第 **2** 部分
App 實作

此部分將利用第一部分所介紹的 Swift 基本概念，實作三個
App，分別是：(1)在 iOS 裝置上實作一個計算器的 App；(2)在
Mac OS 下實作一個計算器的 App；(3)在 iOS 裝置上製作隨機
顯示圖片的 App。

19
CHAPTER

在 iOS 裝置上實作一個
計算器的 App

19.1 製作一個計算器

本書的前半段主要是討論有關 Swift 的程式語言，本章將以此語言為基礎，撰寫一個可以在 iOS 裝置上執行的計算器。在此範例中，使用的 Xcode 版本為 8，iOS 版本為 10.0。首先開啟 Xcode，如圖 19-1 所示：

圖 19-1

並選擇 Create a new Xcode project，會出現如圖 19-2 的視窗。

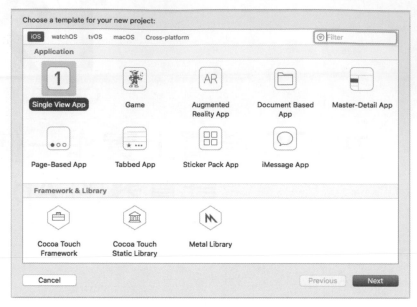

圖 19-2

依序選擇 iOS -> Application -> Single View Application，再按下 Next。

接著將會跳出此專案的設定視窗，如圖 19-3 所示：

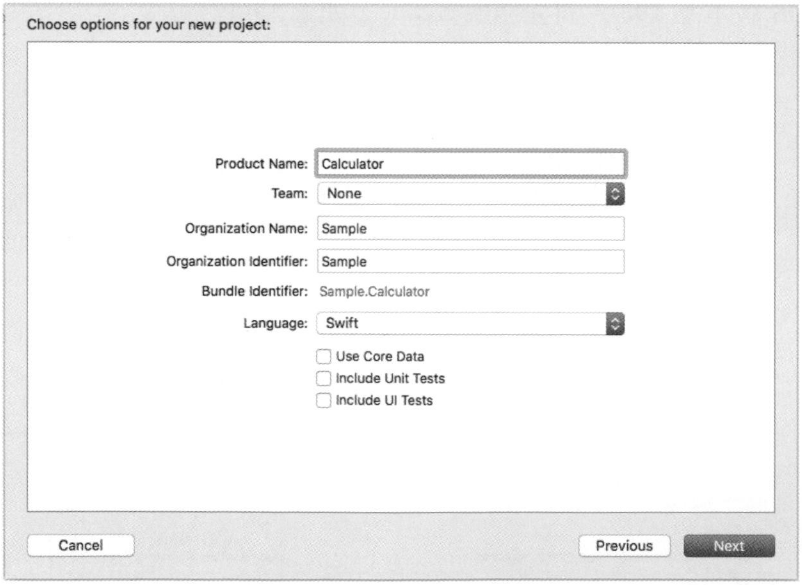

圖 19-3

在 Product Name 輸入 Calculator，而您看到的 Organization Name 與 Organization Identifier 與圖片中的欄位輸入有所不同，在本範例中可以先不必理會，暫且看 Language 選項，確認此選項為 Swift，下方的 Device 為 iPhone。因為本範例不會用到 Core Data、Unit Tests ，以及 UI Tests，所以可以先不勾選。確認完成設定後，按下 Next。

接下來的視窗是此專案在電腦的儲存位置，按下 Create。

至此，一個能在 iOS 上執行的 App 專案就建立完成了，如圖 19-4 所示。

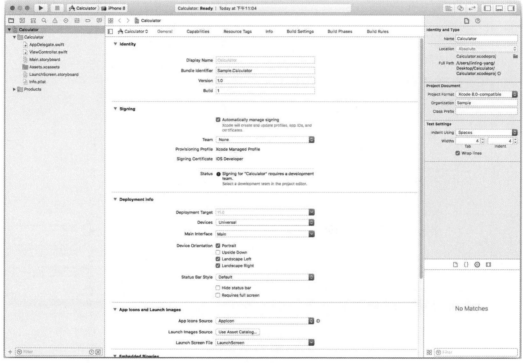

圖 19-4

19.2 UI 設計

接著要討論如何設計計算器上的使用者介面(user interface, UI)。

在 Xcode 視窗左側的導覽列中，打開 Main.storyboard，您會看到如圖 19-5 的畫面，視窗右側是屬性欄位以及 UI 元件庫，可以在元件庫中拉出自己需要的 UI 元件。

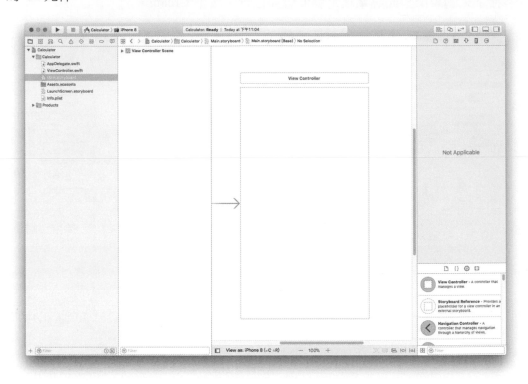

圖 19-5

呈現在圖 19-5 中央的是 View controller，也是未來呈現在實體裝置上的主要畫面，您可以透過下方的選項 View as: iPhone 6s 來調整畫呈現大小。如圖 19-6 所示：

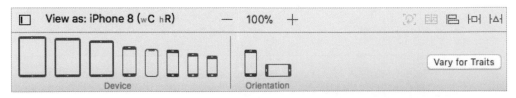

圖 19-6

在此範例中，並不會深入談論 Xcode 對 UI 介面的操作，只會淺談範例本身所需的幾項元件。

首先，請在視窗右側下方的 UI 元件庫中，找到 Label，並將它拖曳到中央 View controller 中的適當位置，由於考慮到計算器的數字長度，所以我們將 Label 元件的寬度拉大，如圖 19-7 所示。

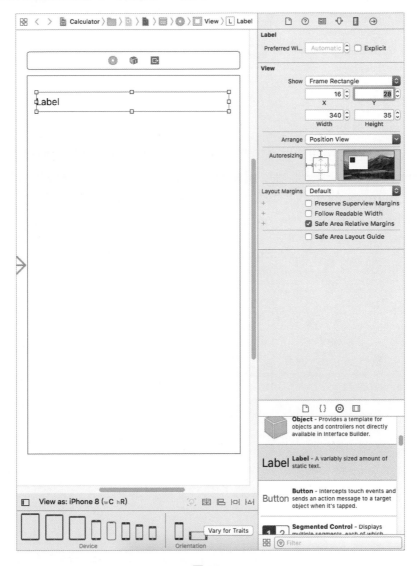

圖 19-7

此時選取 Label 元件，在右側的屬性欄位可查看其相關資訊，如圖 19-8 與圖 19-9 所示，也可以直接從這裏加以修改。

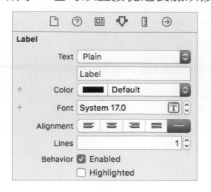

圖 19-8

圖 19-9

接著加入計算器的按鈕，在 UI 元件庫中選取 Button，並將它拖曳到中央的 View controller 中，一開始按鈕會是 「Button」，但是計算器上是數字按鈕，在「Button」的文字上雙擊，就可以將 Button 的文字更改為數字 1。如圖 19-10 所示：

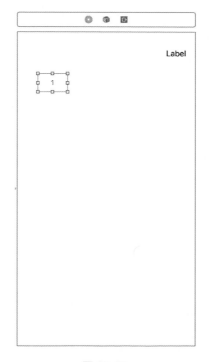

圖 19-10

同樣地，也可在視窗右側的屬性
欄位查看其相關的資訊。完成後
如圖 19-11 所示：

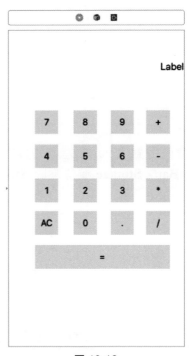

圖 19-11

重複同樣的動作製作 Button 按
鈕，並約略排列成以下的形式，
如圖 19-12 所示。

圖 19-12

如此就完成了計算器的使用者介面。現在要開始進入程式碼的部分。

按下視窗右上角的 Show the Assistant editor 按鈕，如圖 19-13 中的  按鈕。

圖 19-13

中央的畫面就會分割成 UI 以及程式碼，先選取 Label 元件，再按住 control 將它拖曳到程式碼中，如圖 19-14。

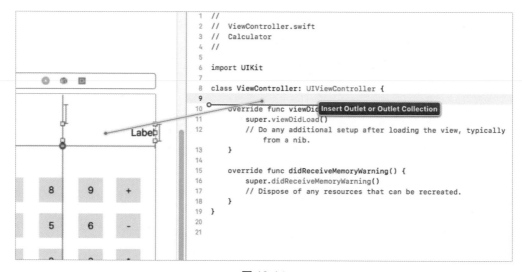

圖 19-14

這時就會產生對 UI 元件連結的程式碼，並依照下圖的設定，將 Name 欄位輸入 resultBar，Storage 欄位選取 Strong，最後按下 Connect 按鈕。如圖 19-15 所示：

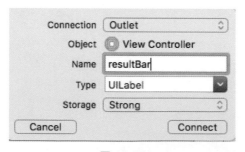

圖 19-15

Button 也是一樣的做法，但在設定上要將 Connection 屬性欄位改為 Action。下圖是選取數字 7 元件，再按住 control 並拖曳到程式碼中，如圖 19-16 所示。

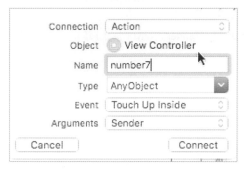

圖 19-16

以此類推，將左邊的 UI 視窗所有的元件全都連結到右方的程式碼中。

完成後的程式碼如下。

```swift
@IBOutlet var resultBar: UILabel!
@IBAction func number1(_ sender: AnyObject) {
}
@IBAction func number2(_ sender: AnyObject) {
}
@IBAction func number3(_ sender: AnyObject) {
}
@IBAction func number4(_ sender: AnyObject) {
}
@IBAction func number5(_ sender: AnyObject) {
}
@IBAction func number6(_ sender: AnyObject) {
}
@IBAction func number7(_ sender: AnyObject) {
}
@IBAction func number8(_ sender: AnyObject) {
}
@IBAction func number9(_ sender: AnyObject) {
}
@IBAction func number0(_ sender: AnyObject) {
}
@IBAction func point(_ sender: AnyObject) {
```

```
    }
    @IBAction func plus(_ sender: AnyObject) {
    }
    @IBAction func minus(_ sender: AnyObject) {
    }
    @IBAction func multi(_ sender: AnyObject) {
    }
    @IBAction func division(_ sender: AnyObject) {
    }
    @IBAction func AC(_ sender: AnyObject) {
    }
    @IBAction func equal(_ sender: AnyObject) {
    }
```

這樣所有的元件都連結完成了。

19.3 計算器 App 的相關程式碼

將視窗切回原本的單一視窗,並在左側的導覽列打開 ViewController.swift。

接下來要考慮到計算器的執行方式,打開計算器後,一開始是 0,按下數字後,接著按下運算符號,最後按下等於 (=)。

首先在 viewDidLoad() 中,輸入 resultBar.text! = "0"。

當 App 開啟後,看到的 Label 就為 0 了。然後回到數字的按鈕上,在 func number1 中輸入 resultBar.text! += "1",func number2 中輸入 resultBar.text! += "2"。依序完成直到在 func point 中輸入 resultBar.text! += "."。

完成後程式碼如下:

```
    @IBAction func number1(_ sender: AnyObject) {
        resultBar.text! += "1"
    }
    @IBAction func number2(_ sender: AnyObject) {
        resultBar.text! += "2"
    }
    @IBAction func number3(_ sender: AnyObject) {
        resultBar.text! += "3"
    }
```

```swift
@IBAction func number4(_ sender: AnyObject) {
    resultBar.text! += "4"
}
@IBAction func number5(_ sender: AnyObject) {
    resultBar.text! += "5"
}
@IBAction func number6(_ sender: AnyObject) {
    resultBar.text! += "6"
}
@IBAction func number7(_ sender: AnyObject) {
    resultBar.text! += "7"
}
@IBAction func number8(_ sender: AnyObject) {
    resultBar.text! += "8"
}
@IBAction func number9(_ sender: AnyObject) {
    resultBar.text! += "9"
}
@IBAction func number0(_ sender: AnyObject) {
    resultBar.text! += "0"
}
@IBAction func point(_ sender: AnyObject) {
    resultBar.text! += "."
}
```

接著是運算符號，按下運算符號後，原先輸入的數字要消失，好讓使用者繼續輸入第二組數字，所以先宣告兩個變數。

```swift
var firstNumber: Double = 0.0
var secondNumber: Double = 0.0
```

需要判斷是按下了哪一個運算符號，所以在 class ViewController 外加入 enum。

```swift
enum Sign {
    case nothing
    case plus
    case minus
    case multi
    case division
```

```
    }
```

並在 class ViewController 中宣告目前選取的符號變數 currentSign。

```
    var currentSign = Sign.nothing
```

完成後程式碼如下:

```
import UIKit
enum Sign {
    case nothing
    case plus
    case minus
    case multi
    case division
}


class ViewController: UIViewController {

    var firstNumber: Double = 0.0
    var secondNumber: Double = 0.0
    var currentSign = Sign.nothing

    …

}
```

繼續來看 func plus,先將目前的數字指派給 firstNumber,再將 Label 清空,接著將加號指派給 currentSign。

```
    firstNumber = Double(resultBar.text!)!
    resultBar.text! = "0"
    currentSign = Sign.plus
```

其餘的三個運算符號也是相同的概念。

完成後程式碼如下:

```
    @IBAction func plus(_ sender: AnyObject) {
        firstNumber = Double(resultBar.text!)!
        resultBar.text! = "0"
        currentSign = Sign.plus
    }
```

```swift
@IBAction func minus(_ sender: AnyObject) {
    firstNumber = Double(resultBar.text!)!
    resultBar.text! = "0"
    currentSign = Sign.minus
}
@IBAction func multi(_ sender: AnyObject) {
    firstNumber = Double(resultBar.text!)!
    resultBar.text! = "0"
    currentSign = Sign.multi
}
@IBAction func division(_ sender: AnyObject) {
    firstNumber = Double(resultBar.text!)!
    resultBar.text! = "0"
    currentSign = Sign.division
}
```

再來討論 func equal，先判斷目前的運算符號是什麼，再來執行計算，如果還沒選擇任何符號，則就什麼都不做。這裡使用 switch…case 來做選擇。

```swift
switch currentSign {
case .plus:
    …
case .minus:
    …
case .multi:
    …
case .division:
    …
case .nothing:
    break
}
```

接著要做計算，先將後輸入的數字指派給 secondNumber，再執行兩數的計算後，指派給 resultBar.text 來顯示結果，同時也將 currentSign 的值指派為 Sign.nothing。

```swift
secondNumber = Double(resultBar.text!)!
resultBar.text! = String(firstNumber + secondNumber)
currentSign = Sign.nothing
```

func equal 函式完成後程式碼如下：

```swift
@IBAction func equal(_ sender: AnyObject) {
    switch currentSign {
    case .plus:
        secondNumber = Double(resultBar.text!)!
        resultBar.text! = String(firstNumber + secondNumber)
        currentSign = Sign.nothing
    case .minus:
        secondNumber = Double(resultBar.text!)!
        resultBar.text! = String(firstNumber - secondNumber)
        currentSign = Sign.nothing
    case .multi:
        secondNumber = Double(resultBar.text!)!
        resultBar.text! = String(firstNumber * secondNumber)
        currentSign = Sign.nothing
    case .division:
        secondNumber = Double(resultBar.text!)!
        resultBar.text! = String(firstNumber / secondNumber)
        currentSign = Sign.nothing
    case .nothing:
        break
    }
}
```

最後要論述的是 func AC，它的用意在於清空所有的數值，回到還沒做任何動作時的狀態，所以只要將所有用到的數值歸零就行了。

```swift
@IBAction func AC(_ sender: AnyObject) {
    firstNumber = 0
    secondNumber = 0
    resultBar.text! = "0"
    currentSign = Sign.nothing
}
```

這樣計算器的程式碼就算完成了，在 Xcode 視窗左上角可以選定要在哪個模擬器上執行，接著再按下左側的執行按鈕，就可以看到 App 實際運行的結果。

此 App 雖然可以成功執行，但仍有一些 Bugs 存在，如：

問題 1：像是一開始的 0 再按下其他數字後，會變成 01、02 這樣的數字，而不是單純顯示 1、2，如圖 19-17 的左邊圖形；

問題 2：兩個整數相乘，其結果應是整數，並不需要顯示小數點及後面的 0，如 2 乘以 3 結果應是 6，而不是 6.0，如圖 19-17 的中間圖形；

問題 3：小數點若連續輸入，將會導致 App 崩潰，如圖 19-17 的右邊圖形。

圖 19-17

接下來我們將要修正程式碼來一一解決這些問題。

19.4 製作一個更佳的計算器

在 class ViewController 中宣告 NumberFormatter，這是用來對數字做處理的類別，可以處理對貨幣、日期、數字的轉換，宣告方法如下：

```
let formatter = NumberFormatter()
```

接著在 func viewDidLoad() 中加入下列程式碼：

```
formatter.numberStyle = .decimal
```

這行程式碼是讓 formatter 稍後對數字以十位數的方式來處理。

完成後，新增一個 checkNumber() 方法，接收的參數為 labelText: String 且回傳一個字串值。

如下列程式碼：

```
func checkNumber(labelText: String) -> String {
}
```

labelText 是用以接收 resultBar.text 的字串值，然後加以處理。

請在 checkNumber() 方法內輸入以下的程式碼：

```
var stringOfNumber: NSNumber
stringOfNumber = formatter.number(from: labelText)!
return String(describing: stringOfNumber)
```

宣告一個 NSNumber 型態的變數，用以接收處理過的字串；formatter.number(from: labelText)! 會依照先前指定的 formatter 的數字型態，將字串值轉換為 NSNumber，再將這個值指定給變數 stringOfNumber，最後回傳 stringOfNumber 的字串型態。

到目前為止，字串處理的方法就完成了。

問題 1 解決方案：

為了將 App 一開始的 0 排除，在每一個數字按鈕的方法中，都加上以下程式碼：

```
resultBar.text! = checkNumber(labelText: resultBar.text!)
```

將從 checkNumber 回傳的字串值，指定給 resultBar.text!。這樣一來，就解決了 0 的問題，但卻產生了另一個新問題，在輸入小數點後的 0 時，將導致後面的其它數字無法輸入。所以在 number0 的方法中，需要再加一層判斷，程式碼如下：

```
if !(resultBar.text!.containsString(".")){
    resultBar.text! = checkNumber(labelText: resultBar.text!)
}
```

這段程式碼用以防止在輸入小數點後的 0 時，導致後面的其它數字無法輸入。

<u>問題 2 的解決方案：</u>

解決兩整數相乘後，不要顯示 .0 的問題，同樣地將使用到 formatter，先在 class ViewController 中宣告新變數 finalNumber。

```
var finalNumber: Double = 0.0
```

並改寫 equal 方法，如下列程式碼：

```
@IBAction func equal(_ sender: AnyObject) {
    switch currentSign {
    case .plus:
        secondNumber = Double(resultBar.text!)!
        finalNumber = firstNumber + secondNumber
        resultBar.text! = checkNumber(labelText: String(finalNumber))
        currentSign = Sign.nothing
    case .minus:
        secondNumber = Double(resultBar.text!)!
        finalNumber = firstNumber - secondNumber
        resultBar.text! = checkNumber(labelText: String(finalNumber))
        currentSign = Sign.nothing
    case .multi:
        secondNumber = Double(resultBar.text!)!
        finalNumber = firstNumber * secondNumber
        resultBar.text! = checkNumber(labelText: String(finalNumber))
        currentSign = Sign.nothing
    case .division:
        secondNumber = Double(resultBar.text!)!
        finalNumber = firstNumber / secondNumber
        resultBar.text! = checkNumber(labelText: String(finalNumber))
        currentSign = Sign.nothing
    case .nothing:
        break
    }
}
```

而 NumberFormatter 仍有其他對數字的處理方式，礙於篇幅的限制，在本次範例中不會詳細討論。

您可以將游標移動至 NumberFormatter 上，按住 command 並點擊左鍵來查看其類別。如圖 19-18 所示：

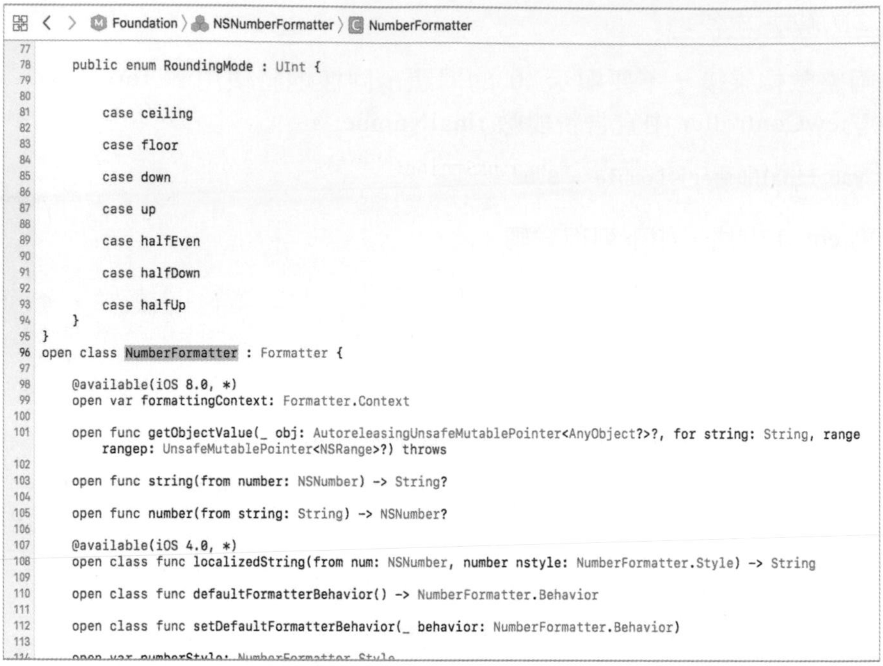

```
88  <  >  M Foundation  >  NSNumberFormatter  >  C NumberFormatter
77
78      public enum RoundingMode : UInt {
79
80
81          case ceiling
82
83          case floor
84
85          case down
86
87          case up
88
89          case halfEven
90
91          case halfDown
92
93          case halfUp
94      }
95  }
96  open class NumberFormatter : Formatter {
97
98      @available(iOS 8.0, *)
99      open var formattingContext: Formatter.Context
100
101     open func getObjectValue(_ obj: AutoreleasingUnsafeMutablePointer<AnyObject?>?, for string: String, range
                rangep: UnsafeMutablePointer<NSRange>?) throws
102
103     open func string(from number: NSNumber) -> String?
104
105     open func number(from string: String) -> NSNumber?
106
107     @available(iOS 4.0, *)
108     open class func localizedString(from num: NSNumber, number nstyle: NumberFormatter.Style) -> String
109
110     open class func defaultFormatterBehavior() -> NumberFormatter.Behavior
111
112     open class func setDefaultFormatterBehavior(_ behavior: NumberFormatter.Behavior)
113
114     open var numberStyle: NumberFormatter.Style
```

圖 19-18

或者是按住 option 並點擊左鍵來查看其相關文件。如圖 19-19 所示：

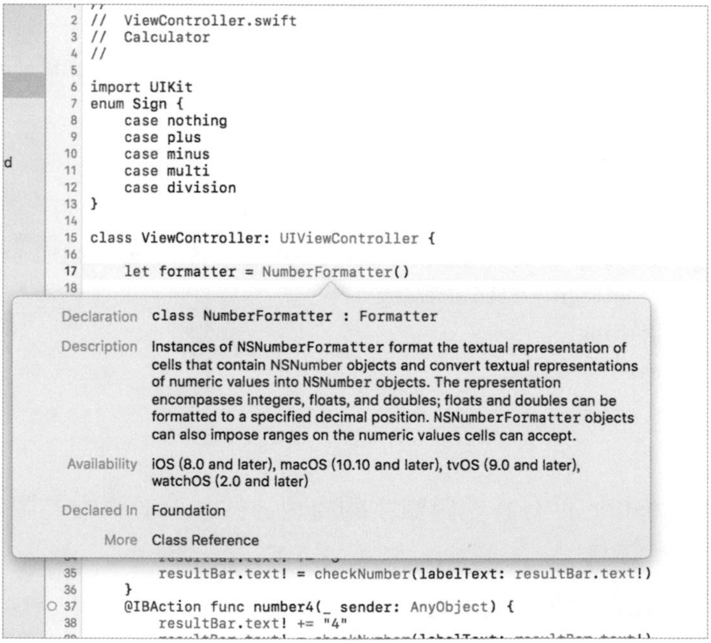

```
2  //  ViewController.swift
3  //  Calculator
4  //
5
6  import UIKit
7  enum Sign {
8      case nothing
9      case plus
10     case minus
11     case multi
12     case division
13  }
14
15  class ViewController: UIViewController {
16
17      let formatter = NumberFormatter()
18
```

Declaration class NumberFormatter : Formatter

Description Instances of NSNumberFormatter format the textual representation of cells that contain NSNumber objects and convert textual representations of numeric values into NSNumber objects. The representation encompasses integers, floats, and doubles; floats and doubles can be formatted to a specified decimal position. NSNumberFormatter objects can also impose ranges on the numeric values cells can accept.

Availability iOS (8.0 and later), macOS (10.10 and later), tvOS (9.0 and later), watchOS (2.0 and later)

Declared In Foundation

More Class Reference

```
35          resultBar.text! = checkNumber(labelText: resultBar.text!)
36      }
37      @IBAction func number4(_ sender: AnyObject) {
38          resultBar.text! += "4"
```

圖 19-19

<u>問題 3 的解決方案：</u>

解決小數點重複輸入會當機的 Bug，請在 func point 方法中改寫為以下程式碼：

```
if !(resultBar.text?.containsString(".")){
    resultBar.text! += "."
}
```

resultBar.text?.containsString(".") 用來判斷字串中是否含有小數點，並回傳布林值，而在前面加入 ! 是指若字串不包含小數點，便執行括號內的程式碼，這樣一來也解決了小數點重複輸入的問題。

還有一些 Bugs 存在，例如連續按下運算符號，將使數字運算後結果為 0，這一點可以在每個運算符號的方法中加入 if 判斷式來排除，這就留給您自行練習。

最後，再次執行 App，便可以檢視程式碼修改後的結果，原先提到的 Bugs 都已經解決了。如圖 19-20 所示：

圖 19-20

以下是 iOS 計算器 app 的完整程式碼：

```
01    //
02    //  ViewController.swift
03    //  Calculator
04    //
05
06    import UIKit
07    enum Sign {
08        case nothing
09        case plus
10        case minus
11        case multi
12        case division
13    }
14
15    class ViewController: UIViewController {
16
17        let formatter = NumberFormatter()
18
19        var firstNumber: Double = 0.0
20        var secondNumber: Double = 0.0
21        var finalNumber: Double = 0.0
22        var currentSign = Sign.nothing
23
24        @IBOutlet var resultBar: UILabel!
25        @IBAction func number1(_ sender: AnyObject) {
26            resultBar.text! += "1"
27            resultBar.text! = checkNumber(labelText: resultBar.text!)
28        }
29        @IBAction func number2(_ sender: AnyObject) {
30            resultBar.text! += "2"
31            resultBar.text! = checkNumber(labelText: resultBar.text!)
32        }
33        @IBAction func number3(_ sender: AnyObject) {
34            resultBar.text! += "3"
35            resultBar.text! = checkNumber(labelText: resultBar.text!)
36        }
37        @IBAction func number4(_ sender: AnyObject) {
```

```
38        resultBar.text! += "4"
39        resultBar.text! = checkNumber(labelText: resultBar.text!)
40    }
41    @IBAction func number5(_ sender: AnyObject) {
42        resultBar.text! += "5"
43        resultBar.text! = checkNumber(labelText: resultBar.text!)
44    }
45    @IBAction func number6(_ sender: AnyObject) {
46        resultBar.text! += "6"
47        resultBar.text! = checkNumber(labelText: resultBar.text!)
48    }
49    @IBAction func number7(_ sender: AnyObject) {
50        resultBar.text! += "7"
51        resultBar.text! = checkNumber(labelText: resultBar.text!)
52    }
53    @IBAction func number8(_ sender: AnyObject) {
54        resultBar.text! += "8"
55        resultBar.text! = checkNumber(labelText: resultBar.text!)
56    }
57    @IBAction func number9(_ sender: AnyObject) {
58        resultBar.text! += "9"
59        resultBar.text! = checkNumber(labelText: resultBar.text!)
60    }
61    @IBAction func number0(_ sender: AnyObject) {
62        resultBar.text! += "0"
63        if !(resultBar.text!.contains(".")){
64            resultBar.text! = checkNumber(labelText: resultBar.text!)
65        }
66    }
67    @IBAction func point(_ sender: AnyObject) {
68        if !(resultBar.text!.contains(".")) {
69            resultBar.text! += "."
70        }
71    }
72    @IBAction func plus(_ sender: AnyObject) {
73        resultBar.text! = checkNumber(labelText: resultBar.text!)
74        firstNumber = Double(resultBar.text!)!
75        resultBar.text! = "0"
76        currentSign = Sign.plus
```

```
77          }
78      @IBAction func minus(_ sender: AnyObject) {
79          resultBar.text! = checkNumber(labelText: resultBar.text!)
80          firstNumber = Double(resultBar.text!)!
81          resultBar.text! = "0"
82          currentSign = Sign.minus
83      }
84      @IBAction func multi(_ sender: AnyObject) {
85          resultBar.text! = checkNumber(labelText: resultBar.text!)
86          firstNumber = Double(resultBar.text!)!
87          resultBar.text! = "0"
88          currentSign = Sign.multi
89      }
90      @IBAction func division(_ sender: AnyObject) {
91          resultBar.text! = checkNumber(labelText: resultBar.text!)
92          firstNumber = Double(resultBar.text!)!
93          resultBar.text! = "0"
94          currentSign = Sign.division
95      }
96      @IBAction func AC(_ sender: AnyObject) {
97          firstNumber = 0
98          secondNumber = 0
99          resultBar.text! = "0"
100         currentSign = Sign.nothing
101     }
102     @IBAction func equal(_ sender: AnyObject) {
103         switch currentSign {
104         case .plus:
105             secondNumber = Double(resultBar.text!)!
106             finalNumber = firstNumber + secondNumber
107             resultBar.text! = checkNumber(labelText: String(finalNumber))
108             currentSign = Sign.nothing
109         case .minus:
110             secondNumber = Double(resultBar.text!)!
111             finalNumber = firstNumber - secondNumber
112             resultBar.text! = checkNumber(labelText: String(finalNumber))
113             currentSign = Sign.nothing
114         case .multi:
115             secondNumber = Double(resultBar.text!)!
```

```swift
116              finalNumber = firstNumber * secondNumber
117              resultBar.text! = checkNumber(labelText: String(finalNumber))
118              currentSign = Sign.nothing
119          case .division:
120              secondNumber = Double(resultBar.text!)!
121              finalNumber = firstNumber / secondNumber
122              resultBar.text! = checkNumber(labelText: String(finalNumber))
123              currentSign = Sign.nothing
124          case .nothing:
125              break
126          }
127      }
128      override func viewDidLoad() {
129          super.viewDidLoad()
130          // Do any additional setup after loading the view, typically from a nib.
131          formatter.numberStyle = .decimal
132          resultBar.text! = "0"
133      }
134
135      override func didReceiveMemoryWarning() {
136          super.didReceiveMemoryWarning()
137          // Dispose of any resources that can be recreated.
138      }
139
140      func checkNumber(labelText: String) -> String {
141          var stringOfNumber: NSNumber
142
143          stringOfNumber = formatter.number(from: labelText)!
144
145          return String(describing: stringOfNumber)
146      }
147  }
```

自我練習題

1. 前面曾提到此計算器的 App 還有一些 Bugs 存在，例如連續按下運算符號，將使數字運算後結果為 0，請修改此一 Bug。

20
CHAPTER

計算器 (Mac 版本)

前一章已實作一個可在 iOS 裝置上執行的計算器 App，本章將以同樣的功能，製作一個可以在 Mac OS 上執行的 App。

20.1 建立一個計算器的專案

首先開啟 Xcode，選取 Create a new Xcode project，然後選取 macOS -> Application -> Cocoa。如圖 20-1 所示：

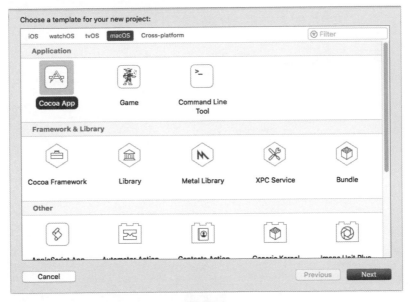

圖 20-1

按下 Next。接著是專案的名稱設定，按照圖 20-2 的設定即可。

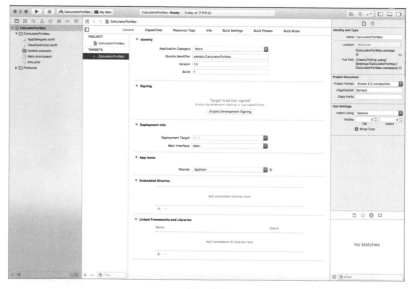

圖 20-2

完成後再按下 Next。此時會有一視窗指示使用者選擇專案欲儲存位置，最後按下 Create。

一個能在 OS X 上執行的空白 App 就建立完成了，如圖 20-3 所示。

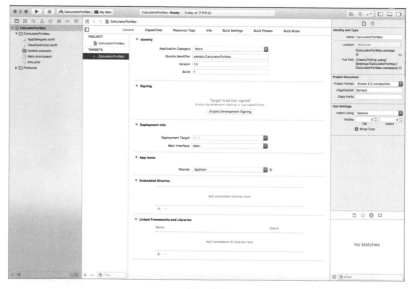

圖 20-3

20.2　UI 設計

同樣先在左側的導覽列中打開 Main.storyboard，開始排列計算器的使用者介面，需要注意的是，這裡的介面與製作 iOS App 介面有所不同，如圖 20-4 所示。

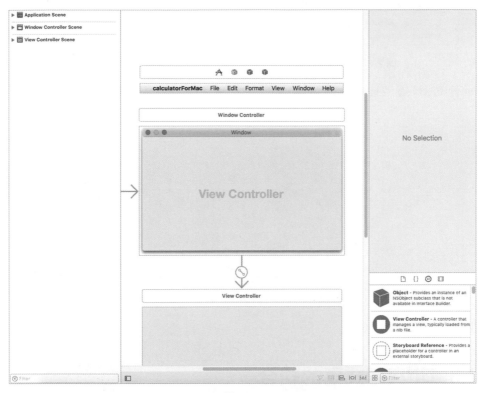

圖 20-4

不同於 iOS 初始的單一 View Controller，在 OS X 上多了 Main Menu 以及 Window Controller，不過，目前我們只要注意 View Controller 就可以。此處也會看到 UI 元件庫的不同，雖然要製作的是相同的範例，但使用的 UI 元件會略有不同。

首先選取 Label，並拖曳至 View Controller 適當的位置擺放。同樣地，再選取 Push Button 拖曳至 View Controller 適當的位置，並修改按鈕的名稱，可參閱前一章建立 Label 和 Button 方式。我們可以從屬性的欄位得知或其相關的資訊，圖 20-5 與 20-6 是 Push Button 的相關資訊。

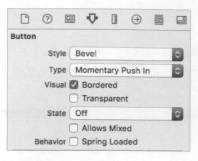

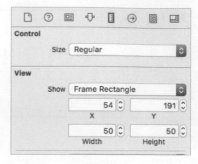

圖 20-5

圖 20-6

將所有的 UI 擺放後，大概可排列成如圖 20-7 所示。

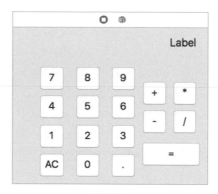

圖 20-7

如此便完成了 UI 的部分。

20.3 UI 與程式碼的結合

和 iOS 計算器的範例相似，按下視窗右上角，如圖 20-8 中的   按鈕。

圖 20-8

將 UI 元件與程式碼建立連結。從左側的 Main.storyboard 點選 UI 元件，按住 control 並拖曳至右側的程式碼中，如圖 20-9 所示。

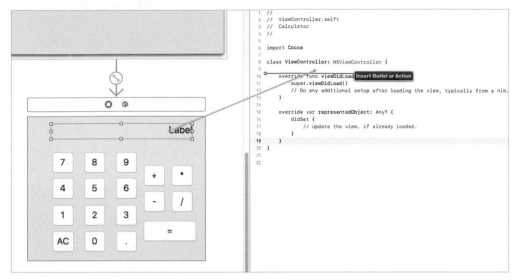

圖 20-9

要注意的是，在 OS X 中，Label 的連結如圖 20-10，其繼承的是 NSTextField，這與 iOS 的 UILabel 有所不同，所以在稍後程式碼的部分也略有所差異。請在 Name 填入 resultBar。

圖 20-10

而 Push Button 的連結如圖 20-11，注意要將 Connection 欄位值改為 Action。
並請在 Name 欄位填入適當的名稱，如 number1、number2, …等等。請參閱
以下的完整程式碼。

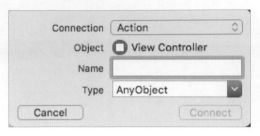

圖 20-11

完成所有 UI 元件的連結後，就可以切回單一視窗，並打開視窗左側導覽列的
ViewController.swift。

20.4 完整程式碼

與 iOS 專案不同之處在於 import Cocoa 以及繼承 NSViewController，不過在
本範例中，程式碼大至相同，只在 Label 字串的程式碼略有所不同，在 OS X
上使用 resultBar.stringValue，而非 resultBar.text!，完整程式碼如下：

```
01  //
02  //  ViewController.swift
03  //  Calculator
04  //
05
06  import Cocoa
07  enum Sign {
08      case nothing
09      case plus
10      case minus
11      case multi
12      case division
13  }
14
15  class ViewController: NSViewController {
16      let formatter = NumberFormatter()
17      var firstNumber: Double = 0.0
```

```
18      var secondNumber: Double = 0.0
19      var finalNumber: Double = 0.0
20      var currentSign = Sign.nothing
21
22      @IBOutlet var resultBar: NSTextField!
23
24      @IBAction func number1(_ sender: AnyObject) {
25          resultBar.stringValue += "1"
26          resultBar.stringValue = checkNumber(labelText: resultBar.stringValue)
27      }
28
29      @IBAction func number2(_ sender: AnyObject) {
30          resultBar.stringValue += "2"
31          resultBar.stringValue = checkNumber(labelText: resultBar.stringValue)
32      }
33
34      @IBAction func number3(_ sender: AnyObject) {
35          resultBar.stringValue += "3"
36          resultBar.stringValue = checkNumber(labelText: resultBar.stringValue)
37      }
38
39      @IBAction func number4(_ sender: AnyObject) {
40          resultBar.stringValue += "4"
41          resultBar.stringValue = checkNumber(labelText: resultBar.stringValue)
42      }
43
44      @IBAction func number5(_ sender: AnyObject) {
45          resultBar.stringValue += "5"
46          resultBar.stringValue = checkNumber(labelText: resultBar.stringValue)
47      }
48      @IBAction func number6(_ sender: AnyObject) {
49          resultBar.stringValue += "6"
50          resultBar.stringValue = checkNumber(labelText: resultBar.stringValue)
51      }
52      @IBAction func number7(_ sender: AnyObject) {
53          resultBar.stringValue += "7"
54          resultBar.stringValue = checkNumber(labelText: resultBar.stringValue)
55      }
56      @IBAction func number8(_ sender: AnyObject) {
```

```
57          resultBar.stringValue += "8"
58          resultBar.stringValue = checkNumber(labelText: resultBar.stringValue)
59      }
60      @IBAction func number9(_ sender: AnyObject) {
61          resultBar.stringValue += "9"
62          resultBar.stringValue = checkNumber(labelText: resultBar.stringValue)
63      }
64      @IBAction func number0(_ sender: AnyObject) {
65          resultBar.stringValue += "0"
66          if !(resultBar.stringValue.contains(".")){
67              resultBar.stringValue = checkNumber(labelText: resultBar.stringValue)
68          }
69      }
70      @IBAction func point(_ sender: AnyObject) {
71          if !(resultBar.stringValue.contains(".")){
72              resultBar.stringValue += "."
73          }
74      }
75      @IBAction func plus(_ sender: AnyObject) {
76          resultBar.stringValue = checkNumber(labelText: resultBar.stringValue)
77          firstNumber = Double(resultBar.stringValue)!
78          resultBar.stringValue = "0"
79          currentSign = Sign.plus
80      }
81      @IBAction func minus(_ sender: AnyObject) {
82          resultBar.stringValue = checkNumber(labelText: resultBar.stringValue)
83          firstNumber = Double(resultBar.stringValue)!
84          resultBar.stringValue = "0"
85          currentSign = Sign.minus
86      }
87      @IBAction func multi(_ sender: AnyObject) {
88          resultBar.stringValue = checkNumber(labelText: resultBar.stringValue)
89          firstNumber = Double(resultBar.stringValue)!
90          resultBar.stringValue = "0"
91          currentSign = Sign.multi
92      }
93      @IBAction func division(_ sender: AnyObject) {
94          resultBar.stringValue = checkNumber(labelText: resultBar.stringValue)
95          firstNumber = Double(resultBar.stringValue)!
```

```
96          resultBar.stringValue = "0"
97          currentSign = Sign.division
98      }
99      @IBAction func AC(_ sender: AnyObject) {
100         firstNumber = 0
101         secondNumber = 0
102         resultBar.stringValue = "0"
103         currentSign = Sign.nothing
104     }
105     @IBAction func equal(_ sender: AnyObject) {
106         switch currentSign {
107         case .plus:
108             secondNumber = Double(resultBar.stringValue)!
109             finalNumber = firstNumber + secondNumber
110             resultBar.stringValue = checkNumber(labelText: String(finalNumber))
111             currentSign = Sign.nothing
112         case .minus:
113             secondNumber = Double(resultBar.stringValue)!
114             finalNumber = firstNumber - secondNumber
115             resultBar.stringValue = checkNumber(labelText: String(finalNumber))
116             currentSign = Sign.nothing
117         case .multi:
118             secondNumber = Double(resultBar.stringValue)!
119             finalNumber = firstNumber * secondNumber
120             resultBar.stringValue = checkNumber(labelText: String(finalNumber))
121             currentSign = Sign.nothing
122         case .division:
123             secondNumber = Double(resultBar.stringValue)!
124             finalNumber = firstNumber / secondNumber
125             resultBar.stringValue = checkNumber(labelText: String(finalNumber))
126             currentSign = Sign.nothing
127         case .nothing:
128             break
129         }
130     }
131     override func viewDidLoad() {
132         super.viewDidLoad()
133         // Do any additional setup after loading the view, typically from a nib.
134         resultBar.stringValue = "0"
```

```
135        }
136
137        override var representedObject: Any? {
138            didSet {
139                // Update the view, if already loaded.
140            }
141        }
142
143        func checkNumber(labelText: String) -> String {
144            var stringOfNumber: NSNumber
145            stringOfNumber = formatter.number(from: labelText)!
146            return String(describing: stringOfNumber)
147        }
148    }
```

完成後，按下執行，便可以順利地在 OS X 上執行計算器。圖 20-12 是此計算器的初始畫面。

圖 20-12

21
CHAPTER

在 iOS 裝置上製作隨機顯示
圖片的 App

本章仿照第 19 章來建立一個新的 iOS 專案，命名為 NextRandomImage。此
App 的概念是，按下按鈕後，畫面上的圖片會隨機換成儲存在 App 中圖片集
的其中一張，另外也會提示出，目前顯示的圖片是哪一張圖片。這個簡單的
App 會用到以下幾種 UI 元件：Navigation Bar、Image View、Button、
Label。

21.1 UI 設計

圖 21-1 是這個 App 大略的 UI 設計，您不
必按照此元件排列方式，大可發揮您的美學
佈局。

圖 21-1

建立好 NextRandomImage 的專案後，打開 Main.storyboard，並從右下角的 Object Library 選取 Navigation Bar，並將它拖曳到 View Controller 的最上方。接著雙擊「Title」改變其顯示的文字，將它改為「Random Image」。

同樣的方法，再從 Object Library 選取 Image View、Button，以及 Label，並按照圖 21-1 所示，放置於 View Controller 適當的位置上。

點擊 Button 後，在右側的 Attributes inspector 的屬性中，設置成如圖 21-2 與圖 21-3 所示。

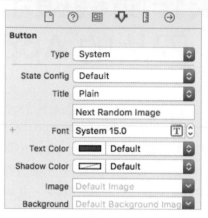

圖 21-2

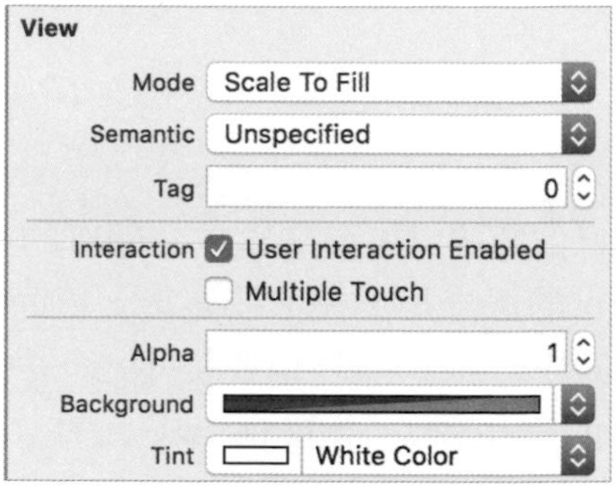

圖 21-3

接著點擊 Label，同樣於右側的 Attributes inspector 的屬性中，設置成如圖 21-4 所示。

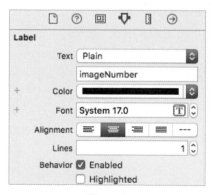

圖 21-4

21.2 撰寫此 App 的程式碼

繼續使用 Main.storyboard，在視窗的右上角點擊圖 21-5 中間的按鈕。

圖 21-5

並在左側的 storyboard 中，點擊 Image View 並且按住 control， 拖曳至右側 ViewController.swift 程式碼中 ，如圖 21-6 所示。

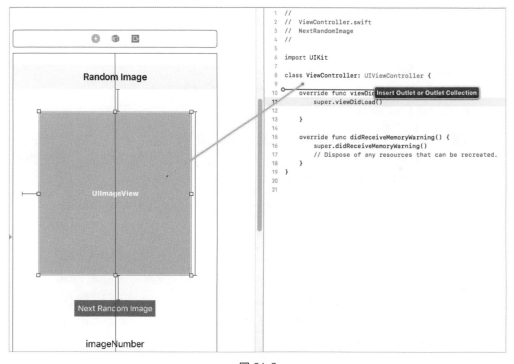

圖 21-6

並依序完成其他的 UI 元件宣告，拖曳 imageNumber 標籤的做法和上述 Image View 的做法相同，但要注意再拖曳 Button 時，所做的設定要將 Connection 的選項改為「Action」，如圖 21-7 所示。

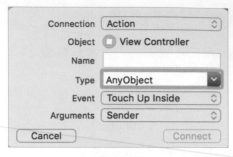

圖 21-7

在宣告時可以自訂您的 UI 元件變數名稱（Name），如以下分別取的名稱 imageView、imageNum，以及 randomBtn。完成後如下列的程式碼：

```
@IBOutlet var imageView: UIImageView!
@IBOutlet var imageNum: UILabel!
@IBAction func randomBtn(_ sender: AnyObject) {
}
```

不需宣告 Navigation Bar 的變數，是因為在這個 App 中並不會改變它。到此 App 所有用到的 UI 元件變數就宣告完成了。按下右上角的左側按鈕來恢復顯示單一檔案視窗，如圖 21-8 所示。

圖 21-8

接著在左側的導覽列中打開 Assets.xcassets，準備五張圖片，並一一地將圖片拖曳到 Assets.xcassets 右側的 appicon 的空白處，再把圖片依序命名為「image01」、「image02」、「image03」、「image04」，以及「image05」，完成後的畫面如圖 21-9 所示。

圖 21-9

最後在左側的導覽列中打開 ViewController.swift，開始撰寫其餘的程式碼。
首先，先宣告要使用的圖片名稱，輸入下列的程式碼：

```
let imageArray = ["image01", "image02", "image03", "image04", "image05"]
```

之後隨機產生圖片，表示在字串陣列中隨機挑選一個字串，再將 Image View
顯示的圖片改變。

接著在 viewDidLoad() 中輸入下列的程式碼：

```
imageView.image = UIImage(named: imageArray[0])
imageNum.text = imageArray[0]
```

第一行程式碼表示將第一張圖片指定給 Image View，而第二行程式碼是將第
一張圖片的名稱指定給 Label 顯示。

現在可以按下左上角的執行按鈕，看看目前的程式碼的執行結果，結果如圖
21-10 所示。

圖 21-10

圖片已經可以正常顯示了，但只有一張，而且 Next Random Image 的按鈕仍沒有任何作用。

現在回到 ViewController.swift，在 randomBtn(_ sender: AnyObject) 中加入以下程式碼：

```
let itemInArray = imageArray.count
let random = Int(arc4random_uniform(UInt32(itemInArray)))
imageView.image = UIImage(named: imageArray[random])
imageNum.text = imageArray[random]
```

第 1 行程式碼是計算 imageArray 中的元件數量，並將它指定給常數 itemInArray，第 2 行程式碼是以第 1 行程式碼的結果，使用 arc4random_uniform 在 0 到 imageArray-1 的數字間，取一隨機亂數並指定給常數 random。由於 arc4random_uniform 接收的參數為 UInt32 型態，所以需要先經過型態轉換，而且回傳值也為是 UInt32 型態，為了之後變數的使用，在此也將它的型態轉為 Int。

想了解更多 arc4random_uniform 的使用方法，可參考第 4 章 4.3 節，或透過 Xcode 查詢文件的功能，按住 control 並點擊 arc4random_uniform 來獲得更進一步的資訊。

而第 3、4 行的程式碼與之前的程式碼相似，是將得到的亂數帶進陣列中，並將其元件指定給 imageView 的 image 以及 imageNum 的 text。

現在可以再執行一次 App，可發現按鈕已經可以發揮它的作用了。

完整的 ViewController.swift 程式碼如下：

```
01  //
02  //  ViewController.swift
03  //  NextRandomImage
04  //
05
06  import UIKit
07
08  class ViewController: UIViewController {
09      // 宣告UI元件
10      @IBOutlet var imageView: UIImageView!
11      @IBOutlet var imageNum: UILabel!
12      @IBAction func randomBtn(_ sender: AnyObject) {
```

```
13          // 設定按下按鈕後隨機改變圖片
14          // 取得陣列裡的字串數量
15          let itemInArray = imageArray.count
16
17          // 在取得的數量之間產生亂數
18          let random = Int(arc4random_uniform(UInt32(itemInArray)))
19
20          // 改變圖片與下方的圖片名稱
21          imageView.image = UIImage(named: imageArray[random])
22          imageNum.text = imageArray[random]
23      }
24
25      // 宣告使用到的圖片名稱
26      let imageArray = ["image01", "image02", "image03", "image04", "image05"]
27
28      override func viewDidLoad() {
29          super.viewDidLoad()
30
31          // 載入程式後顯示預設的圖片
32          imageView.image = UIImage(named: imageArray[0])
33
34          // 載入預設圖片的名稱
35          imageNum.text = imageArray[0]
36      }
37
38      override func didReceiveMemoryWarning() {
39          super.didReceiveMemoryWarning()
40          // Dispose of any resources that can be recreated.
41      }
42  }
```

行文至此，這不是終點，而是另一階段的起點，盼望各位讀者有了初步的體驗後，能進一步的實作其他實用的 App，為自己創造更美好的明天。祝福您。

學會 Swift 4 程式設計的 21 堂課

作　　者：蔡明志
企劃編輯：蔡彤孟
文字編輯：詹祐甯
設計裝幀：張寶莉
發 行 人：廖文良

發 行 所：碁峰資訊股份有限公司
地　　址：台北市南港區三重路 66 號 7 樓之 6
電　　話：(02)2788-2408
傳　　真：(02)8192-4433
網　　站：www.gotop.com.tw
書　　號：ACL052600
版　　次：2018 年 01 月初版
建議售價：NT$450

國家圖書館出版品預行編目資料

學會 Swift 4 程式設計的 21 堂課 / 蔡明志著. -- 初版. -- 臺北市：
　碁峰資訊, 2018.01
　　面；　公分
　ISBN 978-986-476-723-6(平裝)
　1.電腦程式語言　2.物件導向程式
312.2　　　　　　　　　　　　　　　　　　　107000498

讀者服務

● 感謝您購買碁峰圖書，如果您
對本書的內容或表達上有不清
楚的地方或其他建議，請至碁
峰網站：「聯絡我們」\「圖書問
題」留下您所購買之書籍及問
題。(請註明購買書籍之書號及
書名，以及問題頁數，以便能
儘快為您處理)
http://www.gotop.com.tw

● 售後服務僅限書籍本身內容，
若是軟、硬體問題，請您直接
與軟體廠商聯絡。

● 若於購買書籍後發現有破損、
缺頁、裝訂錯誤之問題，請直
接將書寄回更換，並註明您的
姓名、連絡電話及地址，將有
專人與您連絡補寄商品。

● 歡迎至碁峰購物網
http://shopping.gotop.com.tw
選購所需產品。